【日】稻垣荣洋/著

刘旭阳/译　王传齐/审校

植物的
小情绪

64种常见花草的
秘密大公开

中国出版集团　　现代出版社

植物在生活中很常见，
我们身边就有很多植物。
森林里的树木，空地上的花花草草，
花坛里的花，院子里和阳台上的盆栽，
道路旁边的绿化树……这些都是植物。
在柏油路的缝隙里也会长出很多植物。
但是，大家真的了解植物吗？

美丽的鲁冰花（羽扁豆）
是由很多小花聚集在一起形成的。
当昆虫来吸食花蜜时，
花粉会沾到昆虫身体上，
鲁冰花的颜色就会变成蓝色。
这是为什么呢？

在身体被昆虫叮咬时，
拟南芥可以把昆虫赶走。
植物无法移动，
那么它是怎么把昆虫赶走的呢？

土豆的表面有凹坑，
从这些凹坑会长出芽。
这些凹坑呈螺旋状分布，
又是为什么呢？

东北堇菜会开出可爱的紫色花朵。

它可以利用风把种子传播到很远很远的地方。

那么，它是怎么做到这一点的呢?

一般来说，植物天生就是被动物吃掉的。

但是，圆叶茅膏菜却可以捕食粘在叶子上的昆虫。

那么，它是怎样捕食昆虫的呢?

野葛可以用来制作美味的点心。

但是，也有人认为野葛是"绿色怪物"。

那么，人们为什么这么害怕野葛呢？

本书的宗旨就是让小朋友们了解身边植物的不可思议之处。

知道了植物的"惊人秘密"，

你就会改变一直以来对它们的看法。

出场人物介绍

毛鼻袋熊Taro 想成为一位伟大的植物探险家。最喜欢吃植物，总想调查一下还有没有更多可以吃的植物。性格安静，不爱说话。因为是夜行性动物，所以喜欢阴天。实际上，他最想一直睡午觉。很讨厌鹫。

我们来一起看一下各种各样的植物吧。

大家好呀！

要把发现的植物都记在笔记本上哦！

鸡尾鹦鹉小P 在探险中遇到的小伙伴，和同伴走散了。

大树老师 长在Taro的家旁边，教给Taro很多植物的相关知识。

Taro的家

目录

第1章 拥有各种惊人机关的植物…………17

第**2**章 防御能力超强的植物··········49

番外篇 **不可思议的菌类**···········

那么，我们出发去探险吧！

都有什么植物呢？
好激动哦！

探险背包

Taro 的特制放大镜
可以看清楚植物，
还可以和植物交谈。

剪枝剪刀
用来剪下可以
带回家的植物。

铲子

手电筒

塑料袋

笔记本和铅笔

瓦楞纸
把植物夹在里面，
防止花等掉落。

胶带
用来给植物分类，
也可以用来记录。

大树老师的提醒：为了保护皮肤，人类在进入草丛或森林时，一定要穿上长袖上衣和长裤哦！

植物用语解说

一年生/二年生/多年生草本植物
一年生草本植物是在一年内枯萎死亡的草本植物，
二年生草本植物是在两年内枯萎死亡的草本植物，
多年生草本植物是可以生长好多年却不枯萎死亡
的草本植物。

营养茎
是指可以进行光合作用、制造养分的茎。
问荆是具有代表性的营养茎。

越冬草本植物
是指在秋天发芽并越冬，第二年开花并结果，
在夏天枯萎死亡的草本植物。
也叫冬型一年生草本植物。

雄蕊/雌蕊
雄蕊是产生花粉的器官，而雌蕊是接受花粉并产
生种子的器官。

雄花/雌花
雄花是指只有雄蕊的花，雌花是指只有雌蕊的花。

花轴
是指上面只有花的茎或枝。
如果枝分化后形成的茎上长出花，那就是花柄。

归化植物/本土植物
归化植物是指人类从其他国家或地区带到本国，
并在野外自行繁殖的植物。而本土植物是指原本
就在本国生长繁殖的植物。

寄生植物/宿主植物
寄生植物是指寄生在其他植物上，吸收其养分并
生长发育的植物。宿主植物是指被寄生的植物。

群落
是指同一种植物在一个地方聚集在一起生长。

光合作用
是指利用光的能量，在二氧化碳和水发生反应时
获取淀粉等营养成分和氧气的反应。

雌雄异株
是指雌花与雄花分别生长在不同的株体上的植物。
如果只有其中一株，是无法产生果实的。

授粉
是指雌蕊接受传来的雄蕊花粉。
植物通过授粉产生种子。

常绿树/落叶树
常绿树是指一年四季总是会有叶子的树木。
而落叶树是指叶子会一下子掉光的树木。

殖芽
主要是指水生植物上产生的可以蓄积营养成分的
芽。在条件适宜时，它会发芽并开始生长。

食虫植物
是指可以捕捉昆虫等，并通过消化液将其溶解，
吸收并利用其营养成分的植物。

蕊柱
是指雄蕊和雌蕊共同形成的结构，
在蕊柱顶端长着一个花粉囊（花药）。

腺毛
是指生长在植物表皮上的毛状突起物，它可以分
泌出特殊的液体。

多肉植物
是指叶、茎或根里面存储了水分的植物。
仙人掌等植物就是具有代表性的多肉植物。

地下茎
位于地下的茎，它和根不一样，会长出芽和叶。

附生植物
是指不扎根在土壤里，而是把根附着在其他树木
或岩石等上面的植物。

花苞
是指花未开放时包着花蕾的变态叶片。
在花蕾开放后，花苞会变成支撑花的部位。

孢子茎
是指使孢子飞出，从而进行繁殖的茎。
笔头菜是具有代表性的孢子茎。

捕虫囊
是指狸藻属植物等食虫植物用来捕捉虫子的袋状
结构。

匍匐茎
是指伏卧在地表，向前延伸，并具有繁殖能力的
茎。

叶绿素
是一种绿色的色素，它可以在植物进行光合作用
时吸收光的能量。

落叶灌木/落叶乔木/常绿灌木/常绿乔木
这是对树木进行分类的方法。灌木是指高度在3米
以下的树木，而乔木是指高度在3米以上的树木。
落叶树是指叶子会一下子掉光的树木，而常绿树
是指总是会有叶子的树木。

第 1 章

拥有各种惊人机关的植物

人类无法听到
超声波！

隔段时间再浇水的西红柿会发出喜悦的超声波

西红柿是茄科多年生草本植物，也是世界上广泛种植的蔬菜。西红柿的果实中含有很多营养成分，尤其是谷氨酸（鲜味成分）的浓度很高，因此常被用于制作调味汁。

有水流过时，西红柿的茎里面会产生微小的气泡，气泡破裂时会产生超声波。

减少浇水会使西红柿变得更甜，也会使西红柿感到有压力。隔段时间再浇水时，超声波会增加。

小知识　　如果可以成功地通过水培（不使用土壤，而是使用水和液体肥料进行的栽培）进行种植，一棵西红柿植株可以结出 2 万个以上的西红柿果实。

西红柿会因为"没人浇水"而感到"压力山大"。

真甜，真好吃！

然后变甜！

这是隔了很长时间终于喝到水之后的西红柿发出的喜悦的超声波。不过，需要注意的是，减少浇水后，西红柿感到压力的同时，也会变得虚弱。

茄科　复杂程度 ┣━★━┫ 2

生息地　原产地是南美洲，现在在世界各地广泛种植。

大小　高1.5~15米。

笔记　世界上每年的西红柿消费量超过1.2亿万吨，在蔬菜中排名前列。

喷瓜 会把汁液和种子全部喷出来

瓜 科 　　　　　　　　　　　　　　　　　复杂程度 ├─┼─┤ ③

生息地　　原产于地中海沿岸。

大小　　　高30~60厘米（蔓生性：需要以其他植物或物品为支撑）。

笔记　　　汁液有毒，有资料显示可药用。

小知识　　突然喷出的果汁可能会进入眼睛，因此大家千万不要触摸它的果实哦！

喷瓜是瓜科多年生草本植物，原产于地中海沿岸。喷瓜是蔓生植物，但是藤蔓不会延伸得太长，而是匍匐在地面上生长。

夏天时，喷瓜会开出淡黄色的花，在授粉后会结出长约5厘米的果实。果实的形状就像一个橄榄球，表面长有坚硬的毛。果实成熟后会变成黄色，在受到风吹等轻微刺激时，就会从茎上脱落，然后把汁液和种子猛烈地喷出，喷出距离可以达到1~2米，那个势头就像是火枪射击。

汁液和种子喷出！

有毒！

它有毒，
要小心哦！

喷瓜的花

金缕梅可以把种子喷射到6米远的地方

金缕梅 科

复杂程度 2

生息地	在中国分布于四川、湖北、广西等省。
大小	树高5~6米。
笔记	其近亲包括日本金缕梅和北美金缕梅等。

小知识　金缕梅的花不仅外观漂亮，而且有很香的气味。

金缕梅是金缕梅科的落叶小乔木，在早春（2~3月）时开花，花的形状就像是红色的缎带聚集在一起，秋天会结出卵状果实。

据说，金缕梅的名字的起源，是因为它在长出叶子之前就开花，而且在山里各种植物中开花最早。

金缕梅的果实完全成熟后，果实就会猛烈地将里面的两颗黑色种子喷出，喷射距离可以达到3~9米。虽然凤仙花也会把种子从果实里喷出，但是金缕梅种子的喷射距离要远远长于凤仙花。人们喜欢在院子里栽种并观赏金缕梅。

金缕梅的果实

把种子喷出！

金缕梅的花

让我们也像金缕梅一样开花吧！

爬山虎可以利用吸盘向上爬

随着生长，爬山虎会产生气根。气根在空气中延伸，沿着树木或墙壁向前爬。

秋天

果实

爬山虎属于葡萄科蔓生性植物。它根本不在乎墙壁是否垂直，都可以不断向上爬，直到爬满整面墙壁。

爬山虎的秘密在于从茎上长出的触须，触须顶端会膨胀成圆圆的吸盘。这些吸盘会分泌出黏液，使爬山虎可以像蜘蛛侠一样沿着墙壁向上爬。

爬山虎的吸盘具有很强的吸附能力。因此，人们需要用很大的力量，才能把附着在墙壁上的爬山虎去除。而且，爬山虎的繁殖能力超强，如

　小知识　从前，人们会把爬山虎的树液熬制成"甘葛"，用作甜味剂。

吸盘

花和花蕾

颜色变红后，爬山虎也很好看呢。

触须顶端呈吸盘状

果想要利用爬山虎来绿化房子的墙壁，一定要注意选择合适的种植场所，否则爬山虎就会到处乱爬，变得很麻烦。

葡萄 科 复杂程度 ├──┼──┤ 3

生息地　中国、日本、朝鲜。

大小　　8~30米（蔓生性）。

笔记　　到了秋天，某些品种的爬山虎的叶子会变得鲜红。

鲁冰花 通过改变颜色
告诉昆虫『花粉已经卖完了』

鲁冰花是豆科一年生或多年生草本植物。它不耐热，在温暖地区是一年生草本植物。从4月下旬到6月，鲁冰花会开出很多小花聚集在一起的漂亮花穗（就像是紫藤花倒着长一样）。

鲁冰花有很多品种，可能会开出紫色、粉色、白色等各种颜色的花。曾有人将鲁冰花用作肥料，不过现在以用作观赏花为主。

鲁冰花是依靠蜜蜂等昆虫的帮助进行授粉的，而在昆虫吸食过花蜜

小知识　鲁冰花的豆可以用来制作大豆过敏的人可以吃的代用食品。

后，花粉会沾到昆虫身体上，这时候花的颜色就会变成蓝色。昆虫会根据鲁冰花的颜色，去拜访还残留有花蜜和花粉的花，从而可以提高授粉效率。

豆 科 　复杂程度 ├———2┤

生息地　原产于美洲、非洲、地中海沿岸地区。

大小　高50~180厘米。

笔记　鲁冰花的中文名是"羽扇豆"。

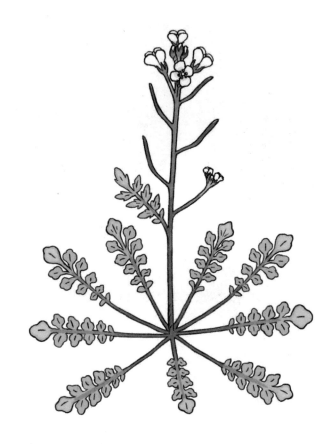

有人走近时，就会把种子弹射出去 碎米荠

　　碎米荠是油菜科的越冬草本植物，我们经常可以在农田等地方看到。从2月到4月，碎米荠会开出白色的小花。这个时期正好是在稻种上喷洒水分，为播种做好准备的时候，因此人们又把它叫作"播种花"。

　　在开花之后，从4月到5月，碎米荠会结出细长的果实。果实中有几十个细小的种子，果实成熟后，即使是细微的震动，也会使果实破裂，

小知识　　在阿伊努（日本北海道的一个民族）的料理中，会把碎米荠用作鲑鱼料理中的调味料。

种子排成 2 列

里面的种子就会被弹射出去。这就和"火枪射击"一样。碎米荠的繁殖能力很强，就是靠这样把种子播撒出去。

十字花 科   复杂程度 ├─★2─┤

生息地	原产于日本、中国、印度等东亚地区。
大小	高 10~40 厘米。
笔记	它的嫩叶可以生吃或热水焯拌后食用。

听音乐的 葡萄 长得更甜

葡萄 科

生息地　广泛种植于世界各地。

大小　　树高3米以上（蔓生性）。

笔记　　葡萄中含有的葡萄糖可以迅速转化为能量，可以起到消除人体疲劳的作用。

小知识　接近藤蔓的葡萄更甜，大家在吃葡萄时可以从下（离藤蔓远的部位）往上吃，这样就可以越吃越甜了。

葡萄是葡萄科的蔓生性落叶灌木，果实很甜，营养丰富。自古以来，人类就在大规模地种植葡萄，因为葡萄不仅可以生吃，还可以用来制作果汁和红酒。

最新研究结果表明，如果在培育葡萄时给它听音乐，那么它就会比不听音乐的葡萄成熟更早，果实的品味更好，营养价值更高。因为，音乐里包含的低频率（100~500Hz）会对葡萄根的生长带来好的影响。

味道和颜色会变得更好，多酚的含量也会增加。

野凤仙花 不会让你『喝完花蜜就跑』的

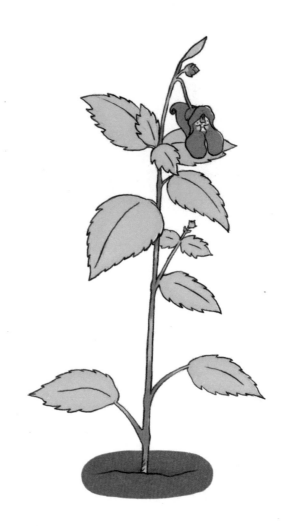

野凤仙花是凤仙花科的一年生草本植物，广泛分布于中国东北、江西、四川等地，俄罗斯、日本等国也有分布。从夏天到秋天，野凤仙花会开出紫色的花，花的形状十分特别，就像是"倒着的帆船"，因此有人把它叫作"吊船草""龙虾花"等。

野凤仙花的花朵结构很复杂，藏有花蜜的部位呈螺旋状。因此，只有像熊蜂这样具有很长的吸管状舌头的昆虫才可以吸到它的花蜜。

　小知识　日本德岛县和爱媛县等地，野凤仙花被列入"受威胁野生物种红色名录（Redlist）"。

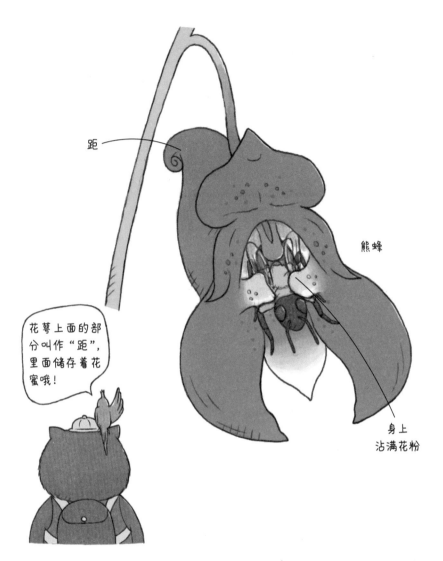

距

熊蜂

身上
沾满花粉

花萼上面的部
分叫作"距",
里面储存着花
蜜哦!

昆虫如果想要吸食花
蜜,就必须钻进花的深处,
这个时候就会有很多花粉
沾到昆虫身上。

因此,野凤仙花不会
让你"喝完花蜜就跑"的。

凤仙花 科 | 复杂程度 ├─┼─┤ ③

生息地　东亚地区。
大小　　高40~80厘米。
笔记　　果实成熟后,种子会被弹射出来。

扇脉杓兰的花是
"禁止逆行"的

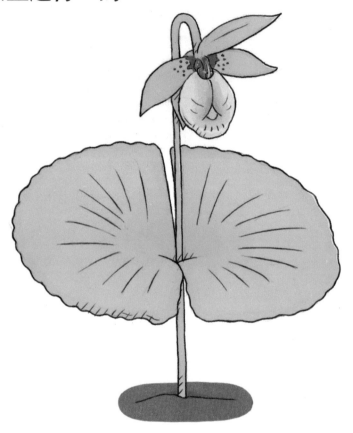

兰 科   复杂程度 ├──┼─→ ③

生息地   中国、日本。

大小   高约20~40厘米。

笔记   花的大小约10厘米。

小知识   扇脉杓兰是中国国家二级保护野生植物。

扇脉杓兰是兰科多年生草本植物。野生的扇脉杓兰分布在日本的山地等地区，是非常稀有的植物。从4月到5月，它会开出白色或紫色的下垂袋状的花。

花朵的结构很复杂，蜜蜂等昆虫从位于花朵中央的小洞进入，然后被花里面的长茸毛引导，从花朵上方的小洞中钻出去。也就是说，扇脉杓兰的花是禁止逆行的。而在出口的地方，有储存着花粉的袋状结构（花药），昆虫的身体在这里沾上很多花粉。

而且，扇脉杓兰的花里面没有花蜜，昆虫帮助它授粉后却喝不到花蜜。所以说，扇脉杓兰就像是植物中的"诈骗犯"。

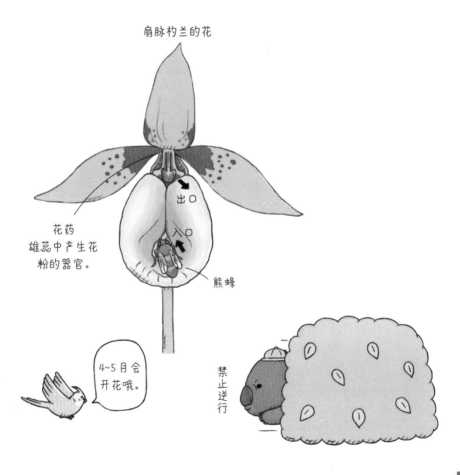

扇脉杓兰的花

出口

入口

花药
雄蕊中产生花粉的器官。

熊蜂

4~5月会开花哦。

禁止逆行

猫眼草
可以通过弹射出种子预报下雨

大戟 科

复杂程度 |—|—|

生息地　在中国广泛分布于东北、内蒙古、河北、陕西、山东、江苏等地。
大小　　高4~20厘米。
笔记　　种子呈卵形，形状不规则，容易翻转。

小知识　它的近亲日本金腰草的果实会裂开很大，里面有很多种子。

猫眼草是大戟科多年生草本植物，4~5月会开出淡黄绿色的不起眼的小花，然后结出绿色的果实。在种子成熟后，果实上方会裂开，开口呈椭圆形。这个形状看起来就和"猫的眼睛"一样，因此人们把它叫作"猫眼草"。

猫眼草的每个果实里含有10~20个很小的种子。如果有雨点等水滴落到果实上，果实就会受到冲击，把种子弹射到很远的地方。通过这种方式传播种子的植物叫作"水滴散布型植物"。

果实裂开后，就像是中午时的猫的眼睛。

弹射出种子

真是很小的花呢！

猫眼草的花

无患子 的果实
可以像肥皂一样打出泡沫

无患子　　　　　　　　　　山皂荚

无患子 科

复杂程度

生息地　　分布在南亚、东南亚、东亚的热带和亚热带地区。

大小　　　树高7~15米。

笔记　　中国的茶园里会套种无患子树。

小知识　　山皂荚的荚果中也含有皂角苷，可以代替肥皂使用。

无患子是无患子科落叶乔木。在中国，无患子分布在东部、南部至西北部。人们喜欢在寺庙、庭院和村边种植无患子。

无患子会在6月左右开出绿色的花，并在10~11月结出直径约2厘米的黄褐色果实。果实的表面呈半透明状，具有独特的质感。果实的皮中含有一种叫"皂角苷"的成分，把它溶解在水中之后会产生泡沫，因此人们用它来代替肥皂使用。

无患子的果实中，有一个很大的黑色球状种子，很坚硬，因此人们用它来制作羽毛毽子中的黑色小球。

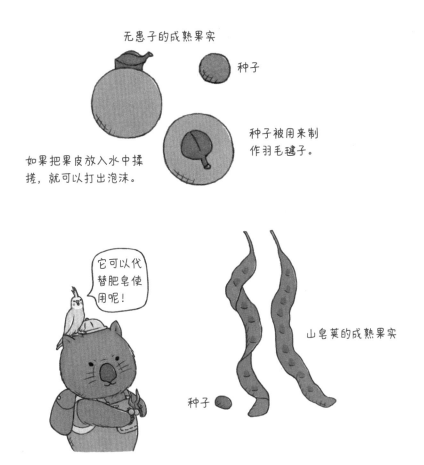

无患子的成熟果实

种子

种子被用来制作羽毛毽子。

如果把果皮放入水中揉搓，就可以打出泡沫。

它可以代替肥皂使用呢！

山皂荚的成熟果实

种子

尾上柳、杞柳
的种子可以飞向天空

尾上柳

杞柳

杨柳 科

复杂程度

生息地　　分布于中国、日本等国家。

大小　　　树高8~15米（尾上柳）、2~3米（杞柳）。

笔记　　茸毛可能会沾在汽车的前窗玻璃上，造成交通隐患。

小知识　　经过改良后的杞柳，可以用作园艺树木种在院子里，很受人们喜爱。

尾上柳和杞柳都是杨柳科树木，尾上柳的树高可以达到15米，因此属于落叶乔木；而杞柳的树高是2~3米，因此被分类为落叶灌木。这两种树木都是雌雄异株（分为雄株和雌株）。

这两种树木都是在3~4月开花，会形成被白色蓬松茸毛包裹着的种子。尾上柳和杞柳的种子都会利用茸毛，像蒲公英一样随风飘落到很远的地方。

雌雄异株是指雌花和雄花分别位于不同的树上。

尾上柳的茸毛

果实

飞得到处都是呢！

杞柳的茸毛

果实

含羞草 的叶子为什么会合拢，这一点还不清楚

豆 科

复杂程度 |——|——★

生息地 　原产于南美大陆，现在广泛分布在世界各地。

大小 　　高30~50厘米。

笔记 　　就算没有受到刺激，到了晚上，含羞草的叶子也会合拢，就像睡着了一样。

　小知识　含羞草原本是多年生草本植物，如果生存在冬天很冷的国家，就变成了一年生草本植物。

含羞草是原产于南美洲的豆科植物，很不耐寒冷。如果用手触摸含羞草的叶子，叶子就会受到刺激，从顶端开始依次合拢。最后，叶子全部都会朝下方低垂。这个变化过程就像是在"鞠躬"一样。

更令人吃惊的是，含羞草还可以判断出刺激的种类。在受到风吹雨打等刺激时，叶子不会合拢；只有在受到手或昆虫等的刺激时，叶子才会合拢。不过，含羞草的叶子为什么会合拢，这一点我们还不清楚。

在被人们用手触摸，或者受到热量的影响时，或者感受到震动时，含羞草就会"鞠躬"。

如果不停地触摸含羞草，它就会变得虚弱，大家要注意哦！

通过茎的关节部分（叶枕）中的水的移动来"鞠躬"。

到了晚上也会"鞠躬"。

樱桃树

可以通过白花和红花控制虫子和小鸟

蔷薇 科

复杂程度

生息地　原产于西亚。

大小　　树高15~20米。

笔记　　品种很多，中国就有近百种。

小知识　在中国，樱桃有"百果樱为先""春果第一枝"的美名。

樱桃树是蔷薇科落叶树，是用来观赏的樱花的近亲。樱桃树的花颜色很浅，接近于白色。

蜜蜂最容易发现白色的花，因此它们会被樱桃的花吸引，聚集过来帮樱花授粉。樱桃的果实是红色的，很容易吸引鸟类。这是因为，红色在叶子之间很显眼，很容易被飞过樱桃树的鸟类发现。

吃过樱桃的鸟类会移动到别的地方，然后排出含有种子的鸟粪。这样一来，樱桃就可以在那个地方继续生长了。樱桃树也是这样利用白色和红色，巧妙地操控昆虫和鸟类的。

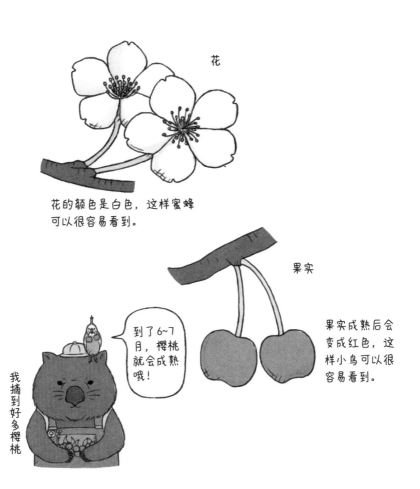

花

花的颜色是白色，这样蜜蜂可以很容易看到。

果实

到了6~7月，樱桃就会成熟哦！

我摘到好多樱桃

果实成熟后会变成红色，这样小鸟可以很容易看到。

雨树 的叶子和人类一样，
会晚上睡觉，早上醒来

豆 科

 复杂程度

生息地　　原产于墨西哥和南非北部地区，现在广泛分布于热带地区。

大小　　　树高25~30米。

笔记　　　木材可以用于制作家具、手工艺品和装修建筑物。

雨树是豆科常绿树，高度可以达到30米。树枝很宽阔，最大的雨树树枝直径可以达到40米。因此，人们还把它叫作"猴锅树"。

雨树的叶子和蕨类植物很像，形状像一支羽毛。到了中午，叶子会合拢，第二天早上随着日出再打开，每天重复这一过程。这一行为就像是动物的睡眠，因此被称为"休眠运动"。

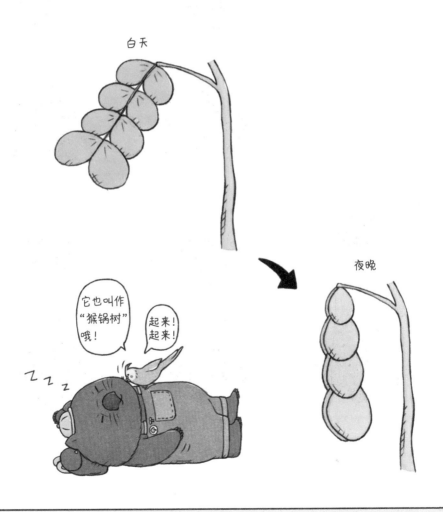

剪影猜谜 ①

野罂粟

示·例

和示例一样的剪影是
 ～ E 中的哪一个呢？

A

B

C

D

E

它也叫作"西伯利亚虞美人"哦！

答案：D

48

第 2 章

防御能力超强的植物

牛膝会促使天敌长大，把它赶跑

牛膝是苋科的多年生草本植物。在中国，除东北外，广泛分布于全国。从夏天到秋天，它会开出不起眼的绿色小花。

牛膝的天敌是青虫，青虫可以吃掉牛膝的叶子。不过，牛膝可以依靠独特的方法驱除青虫。

牛膝的叶子中含有促进青虫生长的成分，吃过叶子的青虫会更早地蜕皮，在没有吃到很多叶子的时候就会变成蝶或蛾（成虫）。在变成蝶或

　小知识　　对牛膝的根进行干燥处理后，可以把它用作中药。

我已经变成蛾啦!

叶子中含有可以促进青虫生长的成分。

带刺的种子

你身上沾了好多种子哦!

蛾之后，就不会再吃叶子了，而且提前发育的成虫体形较小，失去了产卵能力。牛膝就是这样消灭青虫这个天敌的。

苋科 | 防御能力 |—| 2 |—

生息地　分布于中国、朝鲜、日本、俄罗斯等国。

大小　高0.5~1米。

笔记　日本曾经把牛膝作为"夏天的七草"，推荐人们食用。

玉米会在叶子被啃咬时产生气味，发出求救信号

玉米是禾本科一年生草本植物，果实的用途非常广泛，既可以用作粮食或饲料，也可以用来生产淀粉和油等。它原产于中南美洲，全世界热带和温带地区广泛种植。

玉米的天敌是黏虫的幼虫，幼虫会吃掉玉米叶。在黏虫的幼虫啃咬玉米叶之后，玉米就会排放出特殊的气味，吸引黏虫的天敌——盘绒茧蜂。被这种气味吸引来的盘绒茧蜂会在黏虫的幼虫体内产卵，把

小知识　玉米须（雌蕊）是从每一颗玉米粒中长出来的，因此玉米须越多，玉米粒就越多。

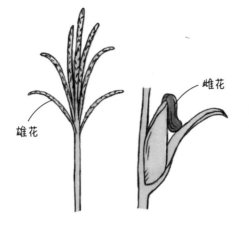

雄花

雌花

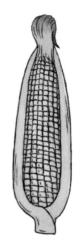

甜玉米

味道很甜，是
我们经常吃的
食用品种。

嫩玉米

把甜玉米的第2个雌花
去掉，煮熟后食用。

金色玉米

银色玉米

杂色玉米

黏虫消灭。也就是说，玉米实施了"敌人的敌人就是朋友"这一作战方式。

禾本科　　**防御能力** ├── 2 ──┤

生息地　　原产于中南美洲。

大小　　高1.5~2米。

笔记　玉米芯可以用来提炼具有抑制蛀牙作用的木糖醇。

水田稗

会变得像水稻一样，逃避除草

水田稗是禾本科一年生草本植物，主要生长在水湿地区。水田稗的幼苗和水稻很相似，因此它可以逃避除草。在收割水稻之前，水田稗会迅速生长并抽穗，比水稻更早长出种子。到了收割水稻的时候，水田稗已经把所有种子都播撒出去了。

如果水田里有水田稗，水稻的收获量就会减少。有的水田稗还有很强的抗药性，因此它是一种很难消灭的杂草。可以说，水田稗是一种

小知识　水田稗为了适应水田的环境不断进化，现在几乎不能在水田之外的地方生长。

有的芒（针一样的毛）很长，有的芒很短，还有没有芒的。

叶子边缘很硬，因此大家要注意不要切到手哦！

叶子边缘是白色的

很狡猾的植物，它为了在水田中生存下去，不断进化，从而适应水稻种植的方式。

禾本 科 | **防御能力** |——★——2——|

生息地　分布于中国河北、江苏、安徽等省，以及中亚、东南亚。

大小　高40~90厘米。

 通过对水田稗等稗草进行改良，人们培育出了可以食用的稗草。

樟树 会产生昆虫很讨厌的樟脑，从而保护自己

樟 科

防御能力

生息地　原产于中国、朝鲜、越南。

大小　　树高8~40米。

笔记　　中国台湾地区有世界最高的樟树，树高约46.4米。

小知识 叶子上有两个虫菌穴（在叶脉之间形成的小房间），里面有植食性螨虫和肉食性螨虫。

樟树是樟科常绿乔木，在中国广泛分布于南方省区。樟树的木质部分中含有具有防虫效果的樟脑，会散发出强烈的香味。虫子很讨厌这种香味，因此可以防止虫子靠近。自古以来，人们就利用樟树叶和燃烧的烟，把樟脑用作防虫剂和镇痛剂。人们曾经为了获取樟脑而栽种樟树，现在一般都使用合成樟脑。

人们经常在寺庙内栽种樟树，巨大的樟树也被人们当作"神树"。

这里有很多很大的树木哦!

通过水蒸气蒸馏法制作的天然樟脑。

樟脑油　　　香草水

可以用作防虫剂。

鱼腥草可以通过气味杀死病菌

三白草 科

防御能力 3

生息地　在中国广泛分布于中部、西南部和东南部地区。

大小　　高20~50厘米。

　《本草纲目》对鱼腥草的价值有所记载。

小知识　鱼腥草在加热之后气味会减弱，人们有时会把它油炸后食用。

鱼腥草是喜欢半阴凉地的多年生草本植物，一般簇生在院子或空地等处。鱼腥草的特征是整体上带有一种特殊的气味，叶子背面呈现紫色。通常在5~8月开花，看起来像是白色花瓣的部位并不是花，真正的花聚集在中央部位。

鱼腥草有一定的药用价值。相关资料显示，鱼腥草对金黄色葡萄球菌等病原微生物具有一定的抑制作用。

生的
鱼腥草

加热后，
气味会减弱

葡萄
球菌

完蛋了……

促进血液流
通，喝鱼腥
草茶。

白癣菌……脚气等的原因
葡萄球菌……食物中毒的原因

吃**菠萝**时，人的舌头会痛，虫子会死

菠萝是凤梨科多年生草本植物。它原产于南美洲热带地区，现在也广泛种植于泰国、菲律宾、巴西等国家。它的果实既有酸味也有甜味，可以生吃，也可以用来制作菠萝罐头等。

在成熟之前，菠萝的果实和叶子中含有很多叫作草酸钙的针状结晶体，以及可以分解蛋白质的酶。这两种物质对虫子是有害的，可以用来防止虫子啃食。

小知识　在部分地区，人们会从菠萝叶中获取像"麻"一样的纤维，用于制作衣服。

菠萝园里的样子

菠萝中含有丰富的维生素C哦!

松果

菠萝花

在果实完全成熟后,草酸钙就会减少。在吃生菠萝时,我们的嘴巴里可能会感觉刺痛。这是因为,草酸钙这种针状结晶体,以及可以分解蛋白质的酶,会使人感觉刺痛。

凤梨 科 | 防御能力 ├──────┤ 3

生息地　原产于美洲的热带地区。
大小　　60~100厘米。
笔记　　菠萝不能通过放置变熟,因此在购买后最好马上吃掉。

蒲公英 被啃咬

会产生黏液，然后粘住虫子的嘴巴

菊 科   防御能力 ├─ ─┤

生息地   野生蒲公英广泛分布于亚欧大陆。

大小   高约15厘米。

笔记   对蒲公英的根部进行干燥处理后，可以用来代替咖啡饮用。

小知识   人们有时会收集蒲公英的白色黏液，用来制作轮胎。

蒲公英是多年生草本植物，我们经常可以在道路两旁和野地里看到它的身影。从春天到夏天，蒲公英会开花，产生圆球状的茸毛。茸毛里面含有种子，可以随风飞到很远的地方。

蒲公英的茎就像是吸管一样呈空洞状，如果把茎或叶片切断，就会产生白色黏液。这种液体中含有天然橡胶成分，在被虫子啃咬时，黏液可以把虫子的嘴巴粘上，这样虫子就无法继续啃咬蒲公英了。

主根
蒲公英咖啡的原料

西洋蒲公英
（外来种）

花托部分
向外侧翻转

胶质的乳液

飞向远方吧！

拟南芥 在听到自己被啃咬的声音时，会产生毒素

拟南芥是十字花科一年生草本植物，原产于亚欧大陆和非洲北部地区。

拟南芥的天敌是会啃食叶片的菜粉蝶幼虫等昆虫。最新研究发现，拟南芥在听到自己的叶子被啃咬的声音时，会增加一种含有辣味成分的油的分泌物。昆虫很讨厌这种辣味成分，因此可以击退昆虫。

小知识　当拟南芥的植株有些浅绿色时，说明它有些营养不良了。

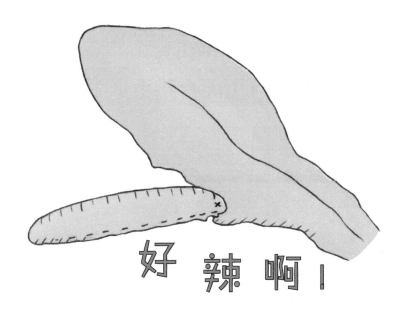

好 辣 啊！

它是荠菜的近亲哦！

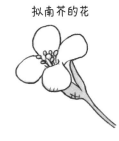

拟南芥的花

至于拟南芥是靠哪个部位听到声音的，目前还不清楚。植物的世界里还有很多我们不知道的结构和机关等着被发现。

十字花科 | 防御能力 | 2

生息地	原产于亚欧大陆和非洲北部地区。
大小	高10~30厘米。
笔记	拟南芥很容易种植，成长速度快，因此经常被科学家用于遗传学研究。

棉豆在被虫子啃咬时，会产生气体，召集肉食螨虫

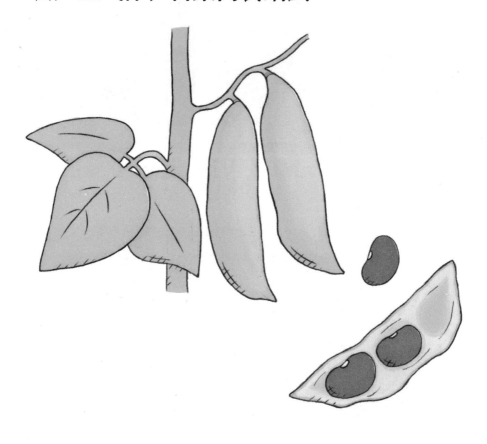

 豆 科 　　　　　　　　　　　　　　防御能力 ├─ 2 ─┤

生息地　　原产于美洲的热带地区。

大小　　　高2~4米。

笔记　　　中美洲聚集着小粒品种，南美洲聚集着大粒品种。

　小知识　　棉豆含有亚麻苦甙（氰酸配糖体），因此在食用之前必须煮熟，煮熟后的汤汁一定记得倒掉。

棉豆是一年生或多年生草本植物。它是扁豆的近亲，在月牙形状的扁平豆荚里是直径1~2厘米的豆子。豆子可以被用来制作各种美食。

在叶子被二斑叶螨啃食时，棉豆会释放出特殊的气体，召集二斑叶螨的天敌智利小植绥螨。而且，不仅是被啃食叶子的棉豆，附近的棉豆也会释放出气体，召集智利小植绥螨，从而避免受到二斑叶螨的伤害。这种作战方式也属于"敌人的敌人是朋友"。

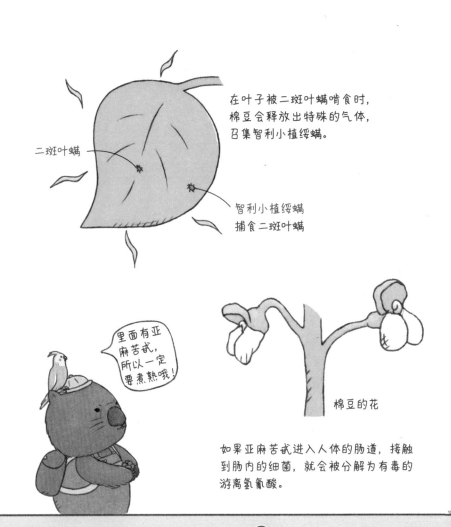

在叶子被二斑叶螨啃食时，棉豆会释放出特殊的气体，召集智利小植绥螨。

二斑叶螨

智利小植绥螨捕食二斑叶螨

里面有亚麻苦甙，所以一定要煮熟哦！

棉豆的花

如果亚麻苦甙进入人体的肠道，接触到肠内的细菌，就会被分解为有毒的游离氢氰酸。

在缺水时，**卷柏**会装死

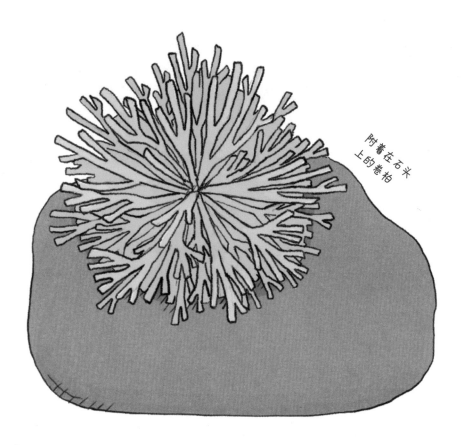

附着在石头上的卷柏

卷柏 科　　　　　　　　　　防御能力 |—|—| ③

生息地　分布在中国、蒙古国、俄罗斯、日本等国家的高山地区。

大小　　高约20厘米。

　卷柏可以从假死状态复活，因此也被叫作"复活草"。

　小知识　如果卷柏在冬天开始后进入假死状态，就不需要再浇水了。

卷柏是蕨类植物的近亲。它的枝叶和桧树叶很像，主要分布于岩石很多的地区。根据季节和阳光照射情况，卷柏的叶子颜色会变化多样。因此，很多人会种植卷柏来观赏。

在气温下降、天气变得干燥时，卷柏的枝条会整体上向内侧卷曲变圆，进入假死状态（冬眠状态）。说起假死状态，很有名的是水熊。科学家们认为，卷柏进入假死状态，和水熊进入假死状态的原理是一样的。

即使假死状态长期持续，在因为下雨等补充水分之后，经过几小时或几天时间，卷柏就会伸展枝条，变得像一个蓬松的球。

正在冬眠

颜色变红

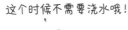

这个时候不需要浇水哦！

啊?!

忍耐能力超强！

西番莲可以利用『假卵』让虫子放弃

西番莲是蔓生性多年生草本植物。从初夏到秋天，它会开花，分裂成3个雌蕊，看起来就像是时钟上的时针、分针和秒针，因此有人把它叫作"时钟草"。花的颜色和形状多种多样，很多人都喜欢观赏它。

西番莲的叶子和茎中含有氰化物等有毒成分，可以防止动物啃食。但是，它的天敌毒蝶的幼虫不怕这些有毒成分，它们可以把有毒成分蓄积在体内，用来保护自己。

　小知识　果实可以用来制作果汁的百香果，是西番莲的近亲。

西番莲的花

和毒蝶的卵很像的突起。

它的雌蕊就像是钟表的3条针呢!

因此, 西番莲为了防御毒蝶, 就在茎上生成和毒蝶的卵很像的突起, 让毒蝶误以为这里已经有了"别的毒蝶幼虫", 从而防止毒蝶在自己身上产卵。

西番莲 科 防御能力 ├──2──┤

生息地 分布在中美洲、南美洲的热带和亚热带地区。
大小 高2~3米。
笔记 从前, 被派遣到中南美洲的基督教传教士把西番莲的花信奉为"十字架花", 用来帮助传教。

高雪轮可以利用黏液

捕捉虫子，但不会吃掉它

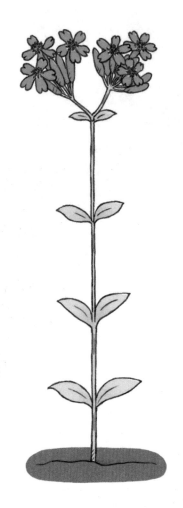

高雪轮是石竹科一年生或两年生草本植物。从5月到6月，高雪轮会开出很多直径1厘米左右的小花。

高雪轮的花大多是粉色，不过也有开白花的品种。它的繁殖力很强，我们经常可以在空地和道路两旁看到它的身影。

高雪轮可以从茎的上方的褐色部分分泌出黏液，从而捕捉或驱赶顺着茎爬上来的蚜虫和蚂蚁等虫子。因为这些虫子不能帮助授粉。

小知识　高雪轮很容易种植，因此是常见的园艺品种。

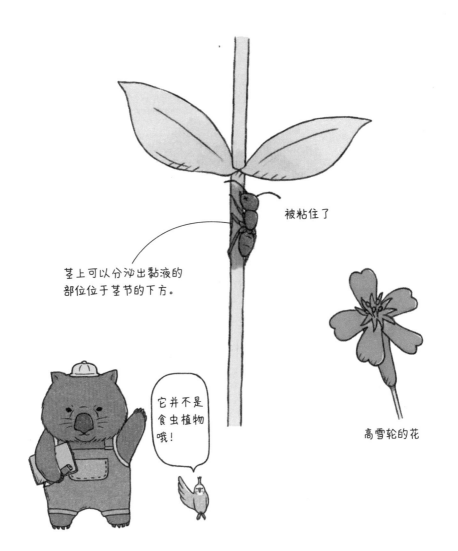

被粘住了

茎上可以分泌出黏液的部位位于茎节的下方。

它并不是食虫植物哦！

高雪轮的花

高雪轮虽然可以利用黏液捕捉虫子，但是它并不会消化和吸收虫子，因为它并不是食虫植物的同类。

石竹 科 | 防御能力 ├─ 2 ─┤

生息地　原产于欧洲，广泛分布于温暖地区。

大小　　高30~60厘米。

笔记　中国的庭院内常种植高雪轮供人们观赏。

曾经有人用**夹竹桃**的枝条 制作烤肉串，导致人死亡

夹竹桃 科

防御能力

生息地 　 原产于印度、中东等地。

大小 　 　 树高3~6米。

 　 夹竹桃的叶子和竹子很像，花和桃花很像，因此被人们叫作夹竹桃。

小知识 　 据说，桃色夹竹桃的花语是"注意安全"，黄色夹竹桃的花语是"深刻的友情"。

夹竹桃是夹竹桃科常绿灌木。它的粉色和红色的花很漂亮，而且很容易种植，因此我们经常可以在院子或街道两旁等处看到夹竹桃。但是，它有剧毒，是很危险的植物。

夹竹桃的各个部位都含有有剧毒的夹竹桃甙。曾经发生过把夹竹桃枝当作筷子使用而导致中毒的事故，还有因为牛的饲料中混入少量夹竹桃叶子，导致9头奶牛死亡的事故。夹竹桃的毒性比氰化钾更强，燃烧刚砍伐的木头时产生的烟雾也有毒，因此大家一定要注意。

重瓣的花

有毒

单瓣的花

附近的土里也有毒哦！

要小心啊！

乌头属植物**的毒**
素甚至可以杀死棕熊和鹿

乌头属植物是毛茛科多年生草本植物，主要分布在山岳地带。据说其毒性是植物界最强的。

乌头属植物的主要有毒成分乌头碱的致死量是3~4毫克，重量只有大约1克的叶子也可以致人死亡。有人曾经使用涂上乌头属植物毒的毒箭，狩猎鹿和棕熊。

乌头属植物很可怕，也很漂亮，它会在7~10月开出紫色或粉色的小

小知识　相关资料显示，对乌头属植物的根进行弱毒等特殊处理后，可以药用。

乌头属植物

它们很像，
一定要注意！

☠ 有毒
！！！

乌头属植物具有
圆锥形的块茎。

花蜜和花粉
也可能会导
致中毒，因
此一定要注
意哦！

鹅掌草

花，花的形状就像
是民俗舞乐中使用
的头盔。

毛茛 科 | **防御能力** ├───┤ ─★ 3

生息地　分布于北半球的温带以北地区。

大小　　高 1~1.5 米。

笔记　乌头属植物的毒对蜂类和虻类等昆虫无效。

你知道吗？

花语
①

樱花
精神美

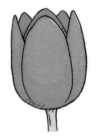

郁金香
同情心

玛格丽特菊
恋爱占卜

蝴蝶花
思念

雏菊
和平

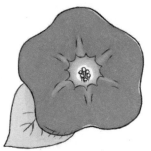

牵牛花
爱情

有的花可能会有很多种不一样的花语，这里只是举出了其中一种哦！

第 3 章

外形奇奇怪
怪的植物

盐麸木的树瘤中装满了蚜虫

漆树 科

不可思议程度

生息地　分布于东南亚和东亚各地。

大小　　树高5~6米。

笔记　　盐麸木的嫩茎可作为野生蔬菜食用。

小知识　盐麸木的果实背面的粉末是苹果酸钙的结晶，曾经被人们当作盐使用。

盐 麸木是漆树科落叶乔木。在中国，除东北、内蒙古和新疆外，其余省份均有种植。它的树干受伤后，就会流出白色的汁液，这种汁液可以用作涂料。

寄生在盐麸木上的五倍子蚜虫的生活方式很奇怪。从卵中孵化出来的雌虫寄生在盐麸木的叶子上时，会注射一种"虫瘿形成物质"，这种物质可以把雌虫包裹起来，形成虫瘿。从春天到夏天，虫瘿逐渐增大，里面的蚜虫雌虫不断繁殖出幼虫。

到了秋天，盐麸木的叶子就会干枯，虫瘿也会变成褐色，里面的五倍子蚜虫会打开虫瘿，从里面飞出来。

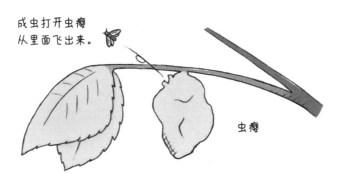

成虫打开虫瘿从里面飞出来。

虫瘿

这是五倍子蚜虫寄生在盐麸木上后形成的。

虫瘿可以用来制作一种黑色染料。

里面装满了蚜虫

马铃薯 表面的凹坑呈螺旋状分布，临近的两个凹坑之间的角度是137.5度

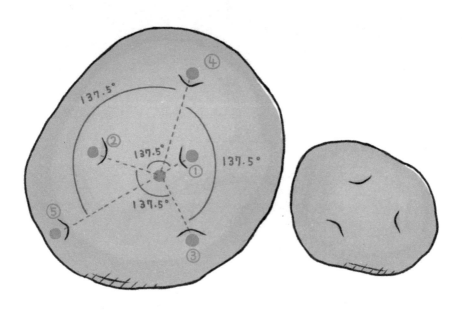

茄 科

不可思议程度

生息地　原产于安第斯山脉。

大小　　高0.5~1米。

笔记　　不仅可以利用种薯种植，还可以利用种子种植。

小知识　　马铃薯的芽和变成绿色的皮中含有"茄碱"这种有毒物质。

马铃薯是茄科多年生草本植物，原产于南美洲的安第斯山脉。因为富含淀粉的地下茎（土豆）可以食用，现在世界各地都有种植。

马铃薯中富含维生素C和钾等营养成分，也可以当作主食。土豆的表面有很多凹坑，凹坑里会长出芽。如果仔细观察，就会发现这些凹坑是呈螺旋状分布的。相邻的两个凹坑之间的角度大约是137.5度。这个角度被称为"黄金角度"。因为，从凹坑中发芽，然后长出叶子时，叶片不会重叠，可以均匀地照射到阳光。

茎在长出来时，会保持一定间隔。

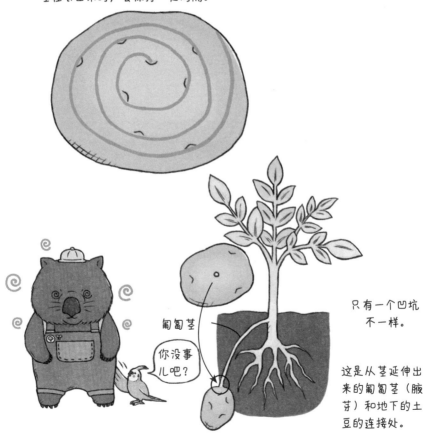

匍匐茎

你没事儿吧？

只有一个凹坑不一样。

这是从茎延伸出来的匍匐茎（腋芽）和地下的土豆的连接处。

仙人掌的刺原本是枝条

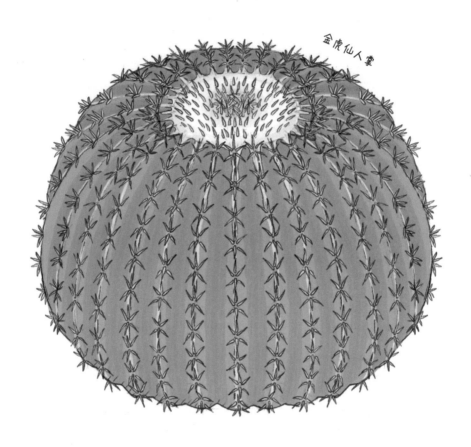

金虎仙人掌

仙人掌 科

不可思议程度

生息地　原产于南美洲和北美洲大陆。

大小　　种类不同，大小也不一样（有的品种高度会超过10米）。

笔记　　很耐干燥，如果是人工种植，需要定期浇水。

小知识　墨西哥等地区，会把"扇形仙人掌"制作成沙拉或汤后食用。

仙人掌是归属于仙人掌科的所有植物的总称，其种类多达2000多种。仙人掌大多是多肉植物，内部可以蓄积水分。不同的种类，形状和大小会有很大的差别。既有球状的仙人掌，也有扇形的仙人掌，还有像电线杆一样向上生长的仙人掌。

从外表来看，仙人掌既没有茎，也没有叶子。实际上，扇形和柱子形状的部分就是茎，从这些部位可以开出花（仙人掌很少会开花）。

仙人掌的外部有很多很坚硬的刺，这些刺原本是仙人掌的枝条，为了适应干旱的环境，减少水分蒸发，以及避免被动物啃食，逐渐变成了现在的样子。

金虎仙人掌的花

它的花好可爱啊！

刺

南瓜 的茎可以像弹簧一样缠绕

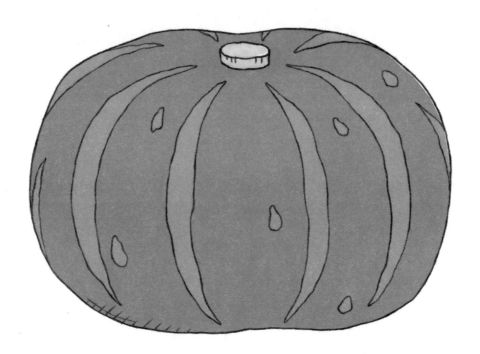

葫芦 科

不可思议程度

生息地	原产于南美洲和北美洲大陆。
大小	高5~15米。
笔记	如果不切开，南瓜可以在常温下保存好几个月。

小知识 南瓜的种子可以当作坚果食用。

南瓜是葫芦科蔓生性植物。它的果实很大，而且可以食用，因此世界各地都有种植。最近，科学家发现，在8000~10000年以前，人类就已经开始种植南瓜了。

南瓜的蔓上会伸出螺旋状的卷曲触须，攀缘在周围的植物或建筑物上向前延伸。南瓜的雌花和雄花是分开的，通过昆虫进行授粉。因此，如果种植南瓜的地方很少有昆虫，就需要进行人工授粉。

南瓜的果实中富含维生素A、维生素C和维生素E等营养成分。人们经常用南瓜制作馅饼和布丁等食品。

南瓜的茎可以像弹簧一样缠绕。

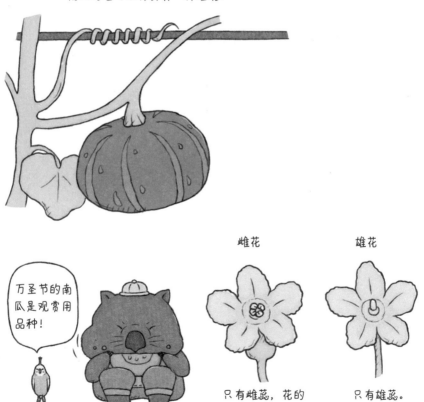

万圣节的南瓜是观赏用品种！

雌花

只有雌蕊，花的下方部位膨胀。

雄花

只有雄蕊。

紫萼路边青

的花会谦虚地低下头

紫萼路边青是蔷薇科多年生草本植物，它是一种高山植物，主要分布在海拔2100米以下的潮湿草地、森林、河岸边等处。

从3月到5月，紫萼路边青会开出形似"铃铛"的花，而且花会朝着下方开放。花的外形和风铃很像，而叶子又和萝卜的叶子很像，因此，人们又把它叫作"风铃萝卜草"。紫萼路边青作为观赏植物很受人们喜爱，不过我们现在还不清楚它为什么朝着下方开花，也许因为它是一种谦虚的花吧。

小知识　　紫萼路边青的近亲中，只有它自己是朝着下方开花，其他花都是朝着上方开花。

冬天

它会把叶子平铺在地面，看起来就是一个莲座。

它的学名叫作 Geum rivale。

开过花之后的样子。

紫萼路边青是高山植物，因此耐寒不耐热，在夏天种植时要特别注意。

蔷薇 科　　不可思议程度 ├──2──┤

生息地　广泛分布于从北极到北半球温带。
大小　　高20~30厘米。
笔记　　在园艺店里，人们经常会使用它的学名"Geum rivale"。

块茎蚁巢木

依靠蚂蚁的粪便和剩饭生存

块茎蚁巢木是茜草科附生植物，它不是生长在地面，而是附着在其他较高的树的树干上。它附着在树干上的根部会逐渐膨胀变大，里面形成很多空洞，蚂蚁会把这些空洞用作自己的"巢穴"。

　　块茎蚁巢木的生长环境中缺乏养分，因此它会把蚂蚁的粪便和剩饭等当作自己的养分。它的膨胀部分的表面有刺，从外面看就像是一个城寨，

小知识　和块茎蚁巢木一样，蚁巢玉也是和蚂蚁密切相关的茜草科植物。

附着在红树林上。

块茎蚁巢木
的内部情况。

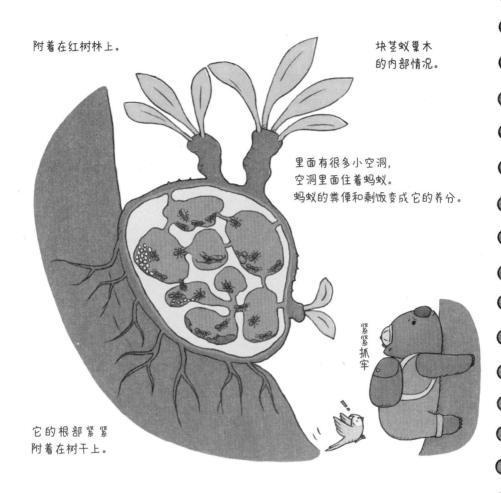

里面有很多小空洞，
空洞里面住着蚂蚁。
蚂蚁的粪便和剩饭变成它的养分。

紧紧
抓牢

它的根部紧紧
附着在树干上。

因此人们又把它叫作"蚂蚁城寨"。

人们把像块茎蚁巢木这样的"和蚂蚁共生的植物"统称为蚂蚁植物。世界上大约有500种蚂蚁植物。

茜草 科 ┃**不可思议程度** ┣━━━┫ ③

生息地　从东南亚到大洋洲都有分布。
大小　　树高20~80厘米。
笔记　人们多把它当作观赏植物。

刺蓼的名字很难听，但是花很漂亮

刺蓼是蓼科植物一年生草本植物。它攀附在其他草木上，伸长自己的蔓生性茎，茎上排列着坚硬的尖刺，叶片上也有刺。

从5月到10月，刺蓼会开出粉色的可爱小花。看起来很温柔的花与它带有尖刺的茎和叶片形成了强烈对比。

小知识　因为刺和花形成强烈对比，所以刺蓼的花语是"人不可貌相"。

花

刺

叶片背面的
叶脉上也有
刺哦！

看一看

果实

蓼 科

生息地　分布在中国、朝鲜半岛和日本全境。

大小　　高1~2米（蔓生性）。

笔记　　它的别名叫作"带刺荞麦"。

香蕉的分类不是水果，而是蔬菜

香蕉是芭蕉科多年生草本植物，是人们很喜爱的热带水果。它原产于东南亚，以前有一种说法是"中国台湾是香蕉种植的最北边"。

结果之后，香蕉树会干枯。不过，从它的根部会长出几个子株，再次生长。有时候，香蕉树可能会长到10米高，变得超级大。因此，如果是种在院子里面，可能会让人很头疼。

小知识　香蕉是多年生草本植物，因此在园艺学上不把它视为果树。

香蕉的花

注意不要吃
得太多了。

它的分类实际上是蔬菜。

香蕉的果实富含营
养,不仅可以生吃,在
有的地区人们还把它当
作主食。它的叶片很大,
人们有时候会把它用作
烹饪用具和餐具。

芭蕉 科 　**不可思议程度** ├──┤

生息地　　原产于东南亚。

大小　　　高2~8米。

笔记　　香蕉可以分为很甜的生吃品种,以及富
　　　　　含淀粉的烹饪用品种。

香蕉的不可思议之处

野生香蕉里面有种子

我们平常吃的香蕉里面是没有种子的。实际上，野生的香蕉里面是有种子的。这个区别，是因为染色体的数量不一样。

野生香蕉中的染色体是二倍体（有两组染色体），在形成种子时，会各分出一半的染色体（一组染色体）。但是，人工种植的食用香蕉中的染色体是三倍体（有三组染色体），无法分出一半的染色体。因此，它无法形成种子。食用香蕉无法形成种子，因此它依靠分出子株来繁殖。

同一根香蕉内的甜度也不一样

即使是同一根香蕉，每个部位的甜度也是不一样的。最甜的部位是最前端部位（在剥开香蕉食用时，位于最下方的部位）。其原因在于香蕉果实的生长方式。

香蕉果实最开始是朝着下方生长的，在距离柄较远的部位（最前

野生香蕉　　　食用香蕉

染色体二倍体　　　染色体三倍体

端部位），会在开花以后为了沐浴阳光开始朝着上方翻转，从而可以进行光合作用。

香蕉是通过光合作用产生糖分的，因此开花的一侧（距离柄较远的前端部位）就变得最甜。如果在剥开香蕉皮后从上往下吃，就会越吃越甜了。

开花后进行光合作用，产生糖分，因此接近花的部位最甜。

这个部位最甜。

这次从其他部位开始吃吧！

第4章

可以捕食动
物的植物

可以吃下小鲵 **紫瓶子草** 甚至

瓶子草 科

历害程度 ├──┼──┤ 3

生息地　分布于北美洲的东岸全境、五大湖周边地区，以及加拿大。

大小　　高15~70厘米。

 蓄积在叶子内部的水分中含有消化酶。

小知识　它生长的土壤中缺乏氮，因此需要通过捕食虫子等来补充氮元素。

紫 瓶子草是主要分布在北美洲东海岸全境的多年生草本植物。和捕虫草等植物一样，紫瓶子草也是具有袋状叶子的食虫植物。虫子等掉进去以后，会被分解并吸收。科学家最近发现，它不仅可以捕食虫子，甚至可以捕食小鲵的幼体。小鲵幼体的大小和人的手指差不多，据说曾经发现有两只以上的小鲵幼体被同一株紫瓶子草捕食。

紫瓶子草的叶子长约30厘米，直径可以达到5~10厘米。叶子上有网眼状的紫色筋络，看起来就像是血管一样。花的颜色是桃红色或暗红色，看起来就很吓人。不过，也有人把它当作观叶植物种植。

小鲵是它的重要营养来源呢！

掉进去

如果掉进**猪笼草**，
老鼠也会出不去而被溶解

猪笼草 科   厉害程度 ├─┼─┤ ③

生息地　广泛分布于东南亚地区。

大小　　茎长4~15米。

　捕虫袋的位置不同，形状也会不一样。接近根部的捕虫袋整体较粗，而位于植株上方的捕虫袋则呈喇叭状。

100 小知识　捕虫袋是叶子前端部分不断延伸并膨胀后形成的。

猪笼草是蔓生性食虫植物。它的叶子变形后形成捕虫袋，可以捕捉虫子等，是很有名的陷阱式食虫植物。

捕虫袋的入口部分很光滑，而且筋络是朝着内侧延伸的，因此虫子在滑倒后就会掉进去。捕虫袋内壁的材质就像是蜡一样，十分光滑，因此虫子在掉进去以后就无法逃出去。掉进去的虫子被捕虫袋内的消化液溶解，并作为营养成分被吸收。

猪笼草有很多品种。有的品种的捕虫袋直径可以达到30厘米，它不仅可以捕食虫子，甚至可以捕食老鼠等小型动物。

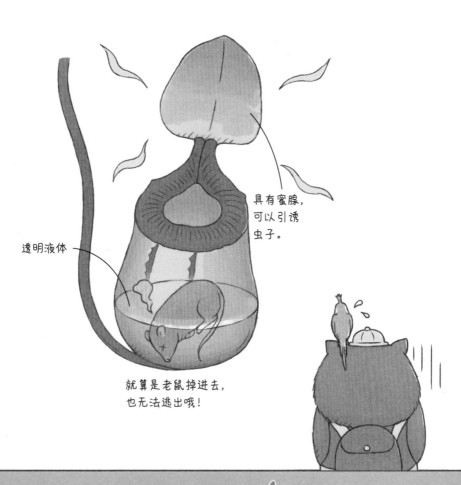

透明液体

具有蜜腺，可以引诱虫子。

就算是老鼠掉进去，也无法逃出去哦！

狸藻可以像吸尘器一样捕食虫子

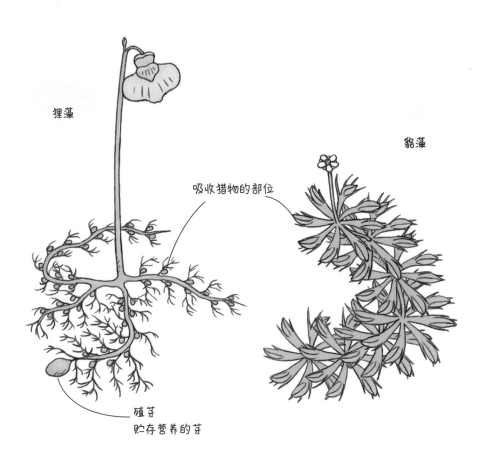

狸藻

貉藻

吸收猎物的部位

殖芽
贮存营养的芽

狸藻 科

厉害程度 ├─★ 2 ─┤

生息地　　分布于北半球温带地区。

大小　　　茎高 0.5~1 米。

笔记　　　狸藻会开花，但是不会结果。

小知识　秋天结束时，狸藻的茎和叶会腐烂干枯，水中的叶子会变圆，在水底越过冬天。

狸藻是多年生食虫植物。它漂浮在水池、沼泽、水田等处的水面上，只有花轴露出水面。因为水里的叶子形状就像是"狸子的尾巴"，所以人们把它叫作"狸藻"。

水下有很多可以捕食虫子的袋状捕虫囊，可以通过使原本扁平的捕虫囊突然膨胀，像吸尘器一样一下子把水吸进去。这时候，水蚤和水虱等微小生物就和水一起被吸进捕虫囊，然后被消化吸收。捕虫囊并不大，只有1~6毫米。不过狸藻凭借这个简单的结构，可以高效地捕食虫子等生物。

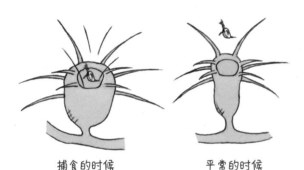

狸藻　　　　　吸食猎物的袋子

捕食的时候　　　　　平常的时候

在毛被触碰以后，盖子会闭上，流出水。
然后，把水排出，恢复到平常的样子。

捕食虫子
的方法不
一样呢！

貉藻　　捕食猎物的叶子

捕食的时候　　　　　平常的时候

捕蝇草可以区分掉进来的水滴，只有在连续接收到两次刺激时才会捕食虫子

茅膏菜 科

历害程度

生息地　原产于美洲东南部地区。

大小　　高5~10厘米。

笔记　　叶子分为匍匐在地面的"丛生类型"，以及叶片向上的"升降架类型"。

小知识　如果频繁触摸叶子，捕蝇草就会变得疲劳、虚弱。

捕 蝇草是茅膏菜科食虫植物，高度很低，只有5~10厘米，上面
长有很多像两壳贝类一样重叠在一起的叶子。叶子周围排列
着很多刺，内侧各有3根细小的毛。

这些毛可以起到感应器的作用。如果昆虫等连续两次触碰这些毛，
原本打开的叶子就会闭上大约0.5秒。在叶子闭上的同时，周围的刺也
会向内侧弯曲，就像是"监狱的铁格栅"一样，把猎物关在里面。被关
在里面的苍蝇等昆虫，会被叶子分泌的消化液浸泡几天，然后被消化，
作为养分被捕蝇草吸收。

捕蝇草是很受欢迎的观赏用植物，人们可以利用花盆等容器种植。

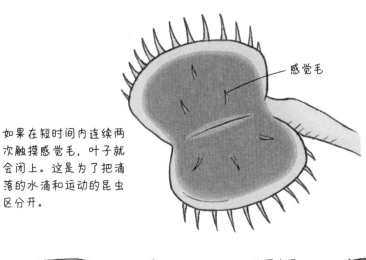

感觉毛

如果在短时间内连续两
次触摸感觉毛，叶子就
会闭上。这是为了把滴
落的水滴和运动的昆虫
区分开。

如果不是虫子，
却让捕蝇草闭
上叶子，就会
使它枯萎哦！

啊！

出不去了……

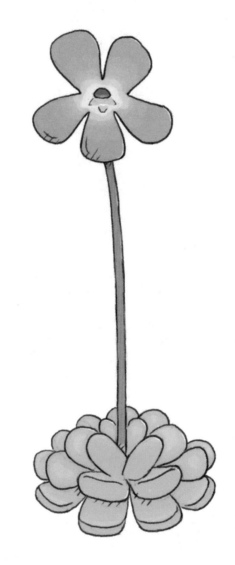

捕虫堇

可以利用具有黏性的叶子防止虫子逃跑

狸藻 科

生息地　分布于北半球温带和中南美洲。

大小　　高20~30厘米。

笔记　　捕虫堇可以分为比较耐热的北美大陆产品种，以及不耐热的墨西哥产品种。

小知识　相比播种培育，通过扦插叶子和分株进行繁殖更为简单。

捕虫堇是狸藻科食虫植物。在中国，捕虫堇主要分布在山西、四川、贵州、云南等省份。从6月到8月，它会开出和东北堇菜很像的紫色和白色的花，因此人们叫它"捕虫堇"。

和蒲公英一样，捕虫堇根部的叶子呈莲座状平铺。它的叶子表面具有由黏液组成的球状物，上面覆盖着细毛。虫子被黏液粘住后，会无法移动，然后被捕虫堇消化、吸收。

捕虫堇的外形看起来很可爱，被众人喜欢。不过，它的种植难度相对较高。

叶子呈莲座状

虫子不见了。

它的花和东北堇菜很像哦！

叶子表面具有黏液，因此虫子无法移动。

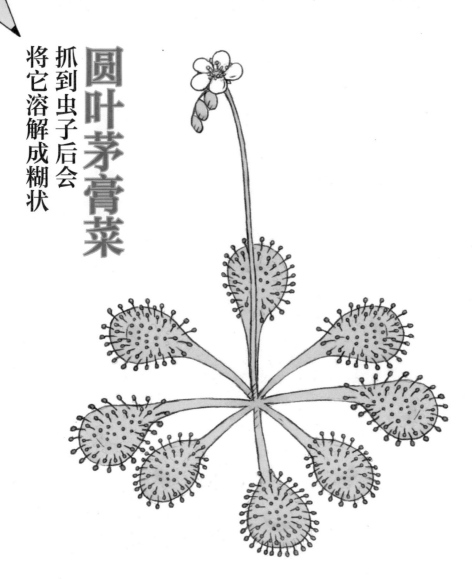

圆叶茅膏菜

抓到虫子后会将它溶解成糊状

茅膏菜 科

历害程度

生息地　在中国广泛分布于黑龙江、吉林等省份。

大小　　高6~20厘米（在特定地区可以达到1米）。

笔记　　把它的叶子进行干燥处理后煎服，具有药用效果。

食虫植物大部分看起来都很吓人，而圆叶茅膏菜是难得的长得很好看的多年生草本植物。它广泛分布在北半球的高山和寒冷地带的湿地带，部分地区把它列入濒危物种名录。

圆叶茅膏菜的叶子上长满了腺毛，腺毛的前端会分泌出带有甜香气味的黏液。被香味引诱来的虫子接触到黏液后，腺毛和叶子就会弯曲，然后把虫子包裹起来。

被包裹起来的虫子会被腺毛分泌的消化液溶解成糊状，只剩下一个外壳。和它美丽的外表不一样，对于虫子们来说，圆叶茅膏菜是一种很可怕的植物。

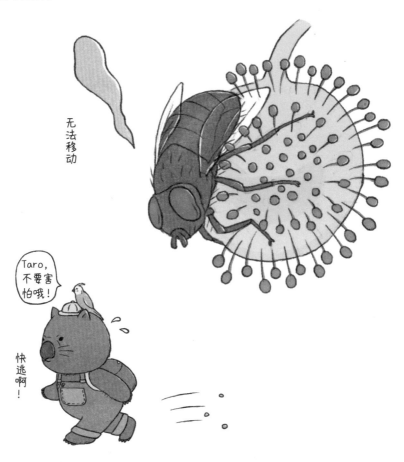

你知道吗？

向日葵
憧憬

丝瓜
诙谐

睡莲
信赖

银杏
长寿

香菇
怀疑

狗尾草
（逗猫草）
玩乐

蘑菇是菌类，并不是植物哦！

第 5 章

想尽办法利用
动物的植物

球果假水晶兰

通过蟑螂的粪便传播种子，进行繁殖

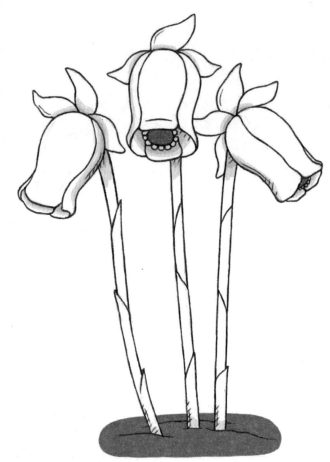

杜鹃花 科

历害程度

生息地　广泛分布在中国吉林、湖北、云南等省份。

大小　高7~15厘米。

笔记　如果没有细菌，球果假沙晶兰的种子就无法发芽。

小知识　野生的球果假沙晶兰静静地生长在幽暗树林中，因此人们又把它叫作"幽灵竹"。

球果假水晶兰是杜鹃花科多年生草本植物。它不具有叶绿素，因此不能进行光合作用，是一种通过从菌类夺取营养而生存的寄生植物。只有在春天和夏天的两个月时间，它才为了开花结果而出现在地表。

球果假水晶兰的果实中含有果肉和很多小而坚韧的种子。不过，几乎没有动物会吃这些果实。最新的研究发现，生活在森林里的日本姬蠊会吃下球果假沙晶兰的果实，并在排泄的时候把种子随粪便一起排出，从而可以把种子带到很远的地方。球果假沙晶兰就是这样借助菌类和蟑螂的力量而进行繁殖的。

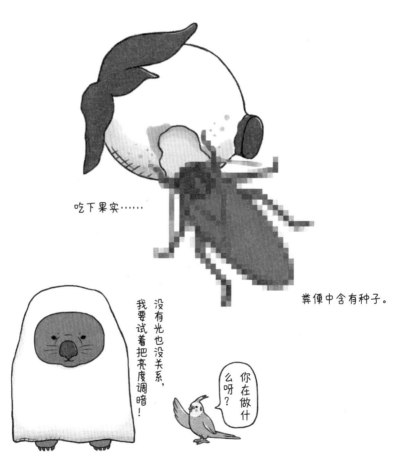

吃下果实……

粪便中含有种子。

没有光也没关系，我要试着把亮度调暗！

你在做什么呀？

花柱草会在0.1秒
内把花粉卖光

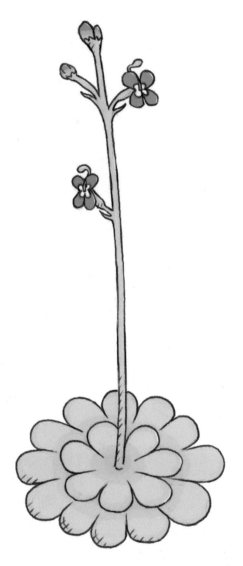

花柱草 科 历害程度 |——|——| ★

生息地　　野生花柱草分布于中国、澳大利亚、斯里兰卡等国家。

大小　　　高20~30厘米。

笔记　　　大约有150种近亲植物，花的颜色多种多样。

小知识　　花柱草的别名包括天使之锤、扳机草、击铁草等。

花柱草是常绿性的多年生草本植物。从春天到夏天，它会开出1~2厘米的淡紫色或粉色的可爱小花。

花柱草的花会伸出一个叫作"蕊柱"的棒状物，它同时包含了雄蕊和雌蕊。

蕊柱在平常时处于弯曲状态，处于被花遮盖起来的位置，在吸食花蜜的昆虫接触花时，蕊柱会非常迅速地旋转并击打昆虫。被击打的昆虫身上会沾上化粉，这样就可以让昆虫切实地搬运花粉。蕊柱的发动时间只有大约0.1秒，据说这是植物界最快的。另外，因为蕊柱发动时的动作就像是扣动扳机，因此人们又把它叫作"扳机植物"。

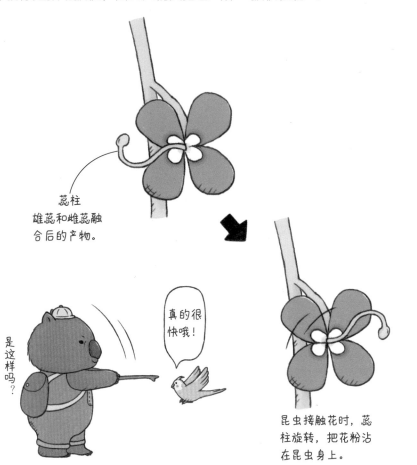

蕊柱
雄蕊和雌蕊融合后的产物。

真的很快哦！

是这样吗？

昆虫接触花时，蕊柱旋转，把花粉沾在昆虫身上。

蜂兰 会变成雌性蜜蜂的样子，引诱雄性蜜蜂

兰科

历害程度 |——|—| ★

生息地　原产于欧洲西部地区。

大小　高30~50厘米。

笔记　也有会变成蜘蛛的样子的蜘蛛兰。

小知识　蜂兰引诱雄蜂，不光凭借外形，还靠气味。

蜂兰是兰科多年生草本植物，在4~5月会开出桃色或紫色的花。位于花下侧的唇形花瓣的形状和颜色都和雌蜂很相似。蜂兰就是这样变成雌蜂的样子，从而引诱雄蜂，让它搬运花粉，从而完成授粉的。

兰花的进化程度很高，具有丰富的多样性。蜂兰变成雌蜂的样子也是为了生存而采取的一种策略。蜂兰的近亲中，有的兰花还可以变成熊蜂等其他蜂类的雌蜂的样子。

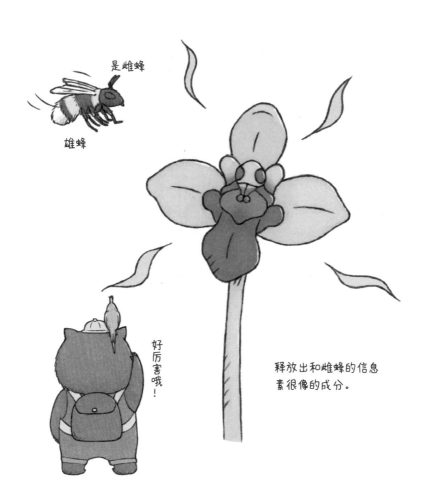

是雌蜂

雄蜂

好厉害哦！

释放出和雌蜂的信息
素很像的成分。

东北堇菜

会送给蚂蚁点心，让它帮忙把自己的种子带到远方

堇菜 科

历害程度 ├─ ⭐ ─┤

生息地　北半球的温带地区。

大小　　高5~40厘米。

笔记　　堇菜科有很多类似种和近缘种，不过很多时候大家不会进行区分，而是把它们统一叫作堇菜。

小知识　东北堇菜可以食用，它的叶子可以做成天妇罗和凉拌菜，花可以做成醋拌凉菜。

东北堇菜是堇菜科多年生草本植物。到了春天，在路边等处就会开出这种野花。花的颜色是深紫色，也被称为"堇色"。

花枯萎之后，就会结出果实。果实里面的种子成熟之后，果实的壳就会裂成3片，而种子则会从果壳内飞出。每一粒种子上都附带着叫作"油质体"的白色块状物。

这种油质体是蚂蚁最喜爱的食物。蚂蚁会把东北堇菜的种子带回巢穴，把油质体吃掉后，再把种子丢到巢穴外面。东北堇菜就是这样通过送给蚂蚁点心，让它帮忙把自己的种子带到远方的。

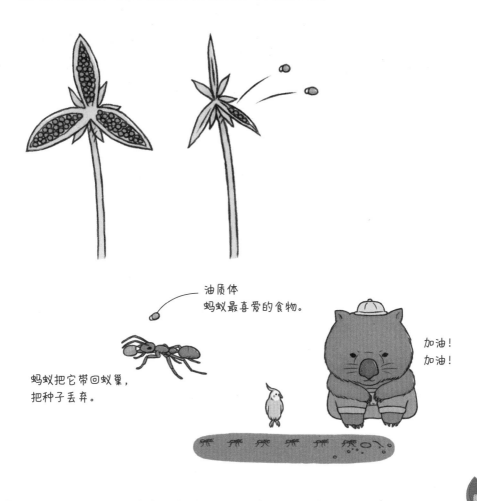

油质体
蚂蚁最喜爱的食物。

蚂蚁把它带回蚁巢，
把种子丢弃。

加油！
加油！

卫矛对人类有毒，
但是对鸟类无毒

卫矛 科

历害程度

生息地　　主要分布在中国、日本。

大小　　　树高3~5米。

笔记　　　嫩芽可以当作野菜食用。

小知识　　卫矛的材质很坚韧，自古以来被人们用来制作弓。

卫矛是卫矛科落叶灌木，野生卫矛主要分布在日本和中国的树林中。从5月到6月，卫矛会开出淡绿色的小花，而从10月到11月，会结出淡红色或白色的果实。果实成熟之后，果皮会裂成4片，露出里面的深红色种子。

红色的种子很漂亮，看起来也很好吃，不过它含有对人类有害的有毒成分，人类如果误食，就会引起呕吐和腹泻。但是，它对鸟类是没有毒性的，白背啄木鸟、褐头山雀、暗绿绣眼鸟、栗耳短脚鹎等鸟类很喜欢吃，这样就可以帮助卫矛进行繁殖。

卫矛的果实、种子和红叶都很漂亮，因此人们喜欢在院子里种植，或者欣赏盆栽。

果实和种子

有毒

人类不能吃它的种子啊！

我吃了没事儿！

一叶兰 会开出很像蘑菇的花，从而欺骗喜欢吃蘑菇的虫子

在根部开花

天门冬 科

历害程度 |—⭐2—|

生息地　原产于日本九州南部地区。

大小　　草高 20~100 厘米。

笔记　　人们把一叶兰当作观赏草种植在庭院里，包括带斑点的品种。

小知识　便当里面的绿色装饰物，就是模仿一叶兰制作出来的。

叶兰是天门冬科多年生草本植物，它的地下茎很发达，巨大的叶片排列在地表附近。它的叶片薄而坚硬，而且具有光泽，因此在日本料理装盘时，会用一叶兰的叶片进行装饰。

5月左右，一叶兰会紧贴着地面，开出紫色的多肉质异形花朵。曾经有一段时间，人们认为一叶兰的花粉是通过蛞蝓和日本板跳钩虾搬运的。不过到了2017年，日本神户大学的末次健司教授发现，一叶兰的花粉是通过喜欢吃蘑菇的蘑菇蝇搬运的。

一叶兰的花的形状很特别，看起来就像是镶嵌在地面上，实际上这是为了模仿蘑菇的样子。

一叶兰的花

原来它的花开在这里啊！

侧金盏花可以通过把光线聚集到花上，让寻找温暖的虫子搬运花粉

毛茛 科

生息地　　从北海道到九州的日本山野地区。

大小　　　高20~30厘米。

笔记　　　侧金盏花也叫"福寿草"，是很受人们喜爱的吉祥植物。

小知识　　侧金盏花的叶子、茎和根部具有毒性，不能食用。

金盏花是在早春开花的多年生草本植物，是一种预示春天到来的花。早春时，侧金盏花会开出黄色的花，而到了夏天，地上部分会枯萎，到第二年春天为止会一直生活在地下。人们把这种花统称为"早春短命的植物"。

侧金盏花的花直径3~4厘米，花瓣表面具有光泽。因此，它可以反射阳光，使阳光聚集在具有雄蕊和雌蕊的花朵中心部位。

侧金盏化的化和向日葵一样，会朝着太阳开放，因此可以高效地使阳光聚集。

侧金盏花就是这样使花的中心部位变得温暖，从而引诱蜂蝇等昆虫，来帮忙授粉的。

蜂蝇

真暖和！

和蜂斗菜、魁蒿很像哦！

☠有毒！！！

如果是阴天或雨天，花瓣会闭上。

臭菘可以放出热量，使雪融化，从而独占虫子

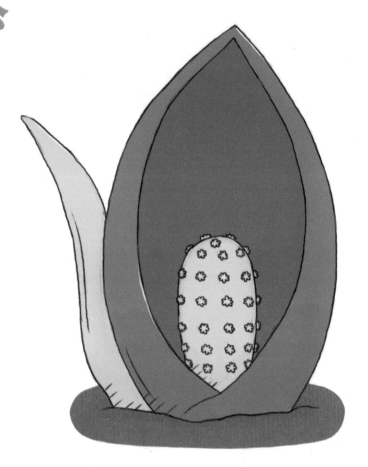

天南星科

历害程度

生息地　中国东北、日本中部、北美等地。

大小　　高约40厘米。

笔记　　无论气温高低，臭菘都会放出热量，使花的温度维持在一定水平。

126　小知识　　臭菘的气味很臭，在英语里人们把它叫作"Skunk Cabbage（臭白菜）"。

臭
菘是天南星科多年生草本植物，从1月下旬到3月中旬会开花。开花时，花聚集在一起形成的肉穗花序会发热，使温度上升到25摄氏度左右。在这个过程中产生的热量会使周围的雪和冰融化。臭菘可以在这个季节最早出现在大自然中，独占这个季节的数量很少的昆虫，从而提高授粉的成功率，还可以通过内置加热器使雪融化。

臭菘的花由很多小花聚集在一起形成，形状就像是正在坐禅的和尚，因此人们又把它叫作"坐禅僧"。包裹着花的茶褐色部分叫作"苞"，它是由包裹着花蕾的叶子变成的。

苍蝇等昆虫靠近……

温度上升到25摄氏度左右。

肉穗花序在开花时发热。

它不能当作暖炉使用啊！

臭菘的叶子

人类感觉很好吃的牛油果对鸟类来说是剧毒

牛油果是原产于热带美洲的樟科常绿乔木。从11月到12月，它会结出很大的绿色果实。它的果实富含营养，被称为"森林中的黄油"。

对于人类来说，牛油果的果实既好吃，又有益健康。但是，牛油果的果实中含有一种叫作"甘油酸"的成分，它对人类以外的动物来说是剧毒。尤其是鹦鹉、文鸟等鸟类对甘油酸的抵抗力很弱，如果吃下去就会引起中毒，甚至导致死亡。

曾经发生过在对牛油果进行加热烹饪时，产生的烟雾导致饲养的鹦鹉死亡的事故。

如果大家饲养了宠物，一定要注意，别让宠物误食牛油果。

牛油果

正在制作牛油果美食

鹦鹉感觉很难受

它在参毛*！要赶快带它去医院啊！

*参毛（鸟类使自己的羽毛膨胀起来）

第**6**章

不断繁殖
的植物

松树

即使处于干燥状态，也能继续繁殖

干燥时打开

飘浮

种子

潮湿时闭上

黑松

松树是对属于松科松属的树木的总称。松树的种子位于雌花的背面，雌花围绕着中心轴呈螺旋状排列，整体上是蛋形，人们一般把它叫作松果。松树传播种子的方法多种多样，比如说，在红松和黑松的松果掉落到地面的过程中，会利用风传播种子。

松果沾上水时会闭上，而干燥时会打开。加拿大和美国的明尼苏达州、缅因州等地区生长着北美短叶松。发生火灾时，空气温度上升，变

小知识　从树皮上取下的松脂，可以用来制作手球防滑胶，或者涂在弦乐器的弓上。

北美短叶松

在发生火灾时使种子飞出。

把松树的松果放到水里。

黑松的松果直径大约6厘米。

长叶松的松果直径约20厘米。

得干燥，松果就会打开，使种子播撒到地面上。

松 科 **生命力强度** ├───★───┤ 2

生息地　中国有20余种松树。野生北美短叶松分布在从印度尼西亚到俄罗斯、加拿大（北极圈）等地区。

大小　　树最低数米，最高可以达到80米。

 松树的种子叫作"松子"，可以食用。

被人踩到时，**平车前**反而会很开心

车前 科   生命力强度 |—|—

生息地　广泛分布于中国、朝鲜、俄罗斯等国家。

大小　　高10~30厘米。

笔记　　在日本，有一种叫作"平车前相扑"的游戏，人们把它的茎折下，相互拉扯。

小知识　平车前的叶子和种子可以入药，嫩叶可以食用。

平车前是车前科多年生草本植物。就算是在杂草中，它也是比较耐踩踏的。

它的叶子很柔软，但是筋络很坚韧，就算是被踩踏也很难被踩烂。茎的外侧很坚固，里面呈海绵状，既柔软又结实。如果平车前和其他杂草长在一起，被踩踏时，只有平车前可以存活下去。

平车前的种子被水沾湿时，就会变得很黏，可以粘在鞋底或汽车轮胎上，被搬运到其他地方。对于平车前来说，被踩踏并不是逆境，反而是很开心的事情。

种子粘在鞋底……

被踩踏

平车前的叶子

啊！

叶脉很坚韧，就算是踩踏也没关系。

英国轻视**日本虎杖**的繁殖能力，因此又要引进它的天敌

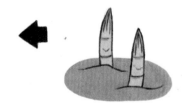

日本虎杖是蓼科多年生草本植物，成片生长在山野和河堤等各种地方。在日本，人们经常把它当作野菜食用，嫩茎可以切成丝爆炒，新芽可以生吃。

日本虎杖原产于东亚地区，到了19世纪被当作观赏植物引进欧美各国。日本虎杖通过延伸地下茎进行繁殖，而在地下茎钻出地表时，甚至可以把水泥地和柏油路钻破。

小知识　2010年，英国决定引进日本虎杖的天敌——一种吸汁昆虫木虱。

150 厘米

比 Taro
还高呢。

尤其是在英国，没有
日本虎杖的天敌，因此它
开始爆发性繁殖，造成了
严重破坏。在日本，有木
虱这种日本虎杖的天敌，
因此没有过度繁殖。

松 科 　　　**生命力强度** ├─┼─┤ ⭐3

生息地　　原产于东亚地区，在日本全境和中国都
　　　　　有分布。在欧洲和美国，它作为一种归
　　　　　化植物不断繁殖。

大小　　　高30~150厘米。

 对日本虎杖的根茎进行干燥处理后可
　　　　　药用。

剑叶金鸡菊

也被称为『霸王花』

剑叶金鸡菊是菊科多年生草本植物，从5月到7月，它会开出黄色的花。它的繁殖能力很强，因此经常被用于绿化等。

但是，剑叶金鸡菊的繁殖能力过强，可能会对其他植物带来恶劣影响。因此，农林业将其归为"有害生物"。

它的花看起来很可爱，但是大家绝对不要种植、切下来带到其他地方。

小知识　　在对剑叶金鸡菊进行处理时，要连根拔出来，放在太阳下暴晒2~3天，然后再丢弃。

剑叶金鸡菊的花

有害生物

要连根拔出来哦!

驱除

拔出来以后晒干,
然后再丢弃。

菊 科 生命力强度

生息地　原产于北美地区,广泛分布于中国、日本等国家。

大小　高30~70厘米。

笔记　曾经有人利用剑叶金鸡菊来制作干花。

蝴蝶花 在背阴处也能生长

"群落"是指在同一个地方生长的植物。

蝴蝶花的群落。

它们的根部是连在一起的。

鸢尾 科

生命力强度

生息地　原产于中国。

大小　　高50~60厘米。

笔记　可以开花，但是无法结出种子，结出种子也会发育不良。

小知识　蝴蝶花具有芳香味，可提炼香精。

蝴 蝶花是鸢尾科多年生草本植物，经常成片生长在住宅附近的树林周边的稍微潮湿的地方。从4月到5月，它会开出像白色鸢尾一样的花。

蝴蝶花的繁殖能力很强，通过地下茎和地面上的匍匐枝不断扩张自己的地盘。它在背阴处也可以健康生长，如果在不经意之间把它种在院子等处，蝴蝶花可能就会不断繁殖，把其他植物都赶跑。如果想在院子里种植各种各样的植物，就必须注意蝴蝶花的存在。

蝴蝶花的花

给它遮阳

它好像很喜欢背阴地哦！

野葛可以用来制作点心，但是，有人却很害怕它，认为它是『绿色怪物』

根可以用来制作野葛粉和中药。

主根

野葛是蔓生性多年生草本植物，依靠攀缘在其他树木上生长。从8月到9月，它会开出很密集的紫色花朵。

野葛会在地下长出块状根，并在地下大范围地扩展根系。它的根中含有的淀粉成分叫作"野葛粉"，可以用来制作点心，也可以在烹饪时用来勾芡。野葛的根部会长出新的茎，因此具有很强的繁殖能力，很难清除。

在1876年举办的美国费城世博会上，人们利用野葛来装饰展厅，这

小知识　对野葛的根进行干燥处理后，可以用来制作葛根汤，来治疗感冒。

野葛的花

种子

来吃葛根
粉条吧

是野葛第一次被带到美国。但是，在这以后，野葛在美国疯狂繁殖，被美国人叫作"绿色怪物"。因此，它被列入"世界百大外来入侵种名单"。

豆 科 | **生命力强度** |————★3|

生息地　分布于温带及暖温带地区。
大小　　高度可以达到10米以上。
笔记　在以前，野葛的植物纤维被人们用来制作衣服和壁纸等。

就算是拔掉、烧掉、打药，
也无法杀死 问荆

木贼 科

生命力强度

生息地　　北半球的温带到寒带地区。

大小　　　高20~40厘米。

　　在日本的俳句中，问荆是代表春季的季花。

小知识　对问荆进行干燥处理后，可以药用。

问荆是属于木贼科的蕨类植物，成片地长在山地、农田、河堤、路边等处。它的地下茎可以延伸很长，而在地面上营养茎和孢子茎也会延伸。它的营养茎叫作问荆，而孢子茎叫作笔头菜。

早春时节，笔头菜开始生长，放出孢子，然后干枯。然后，问荆开始生长。人们喜欢在春天吃笔头菜这种野菜，把它做成凉拌菜或醋拌凉菜。而问荆也可以食用，可以用来制作咸烹海味等。

问荆具有很强的繁殖能力，就算是把露出地面的部分切除、焚烧，它也会从地下茎再长出来。而且，它有很强的耐药性，就算是打了除草剂，也很难根除。

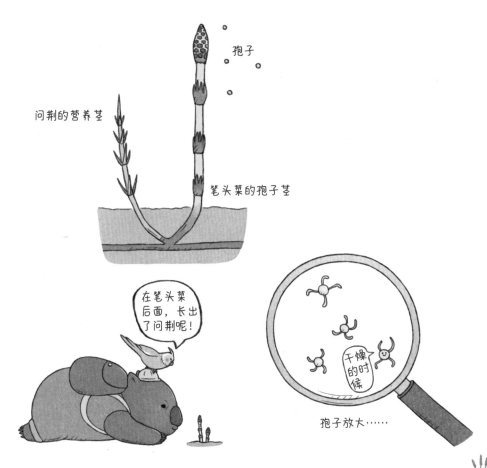

孢子

问荆的营养茎

笔头菜的孢子茎

在笔头菜后面，长出了问荆呢！

干燥的时候

孢子放大……

就算是打了除草剂，
这种植物也不会枯死

小蓬草

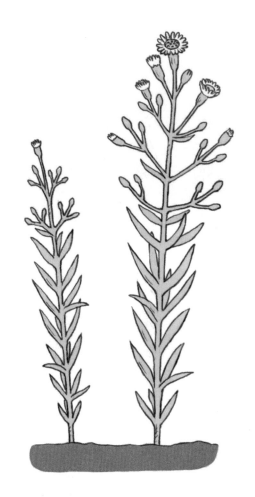

　　小蓬草具有很强的繁殖能力，它会成片生长在路边和荒地等处。它的叶子和茎上有毛，从夏天到秋天会开出白色的小花。

　　小蓬草被人们视为杂草，它对除草剂等具有很强的耐药性。20世纪80年代，人们发现了一种对高效除草剂"百草枯"也有很强耐药性的抗药性小蓬草，它不断地扩展自己的领域。可以说，小蓬草是一种具有不在逆境里屈服的精神的植物。

小知识　　人们曾经把小蓬草做成团子和油炸食品等，用来填饱肚子。

冬天

变成莲座状，可以越冬。

变成莲座状以后，可以把叶子平铺在地面呢！

叶子和茎上有毛。

小蓬草是原产于北美洲的归化植物，人们又把它叫作维新草、明治草、铁道草等。

菊 科 | **生命力强度** ├─┼─┤ ⭐3

生息地　　原产于北美洲。

大小　　　高80~180厘米。

笔记　　　无毛小蓬草是小蓬草的近亲，它的叶子和茎上没有毛。

酢浆草虽然是植物，
却不怕灼热和干燥环境

酢浆草 科

生命力强度

生息地　　世界各地的农耕地、草地、城市街道。

大小　　　高 10~30 厘米。

笔记　假如家畜大量啃食酢浆草，就会因为它含有的醋酸钙而中毒。

  酢浆草的叶子和茎中含有醋酸钙，在被啃咬后会产生酸味。

酢浆草是一种多年生草本植物，我们经常可以在城市街道的石板的缝隙里看到它的身影。从5月到6月，它会开出直径8毫米左右黄色的花。

它的叶子呈心形，到了夜晚，三枚叶片会闭上，尖锐的前端部分合拢在一起。这时候，看起来就像是少了一枚叶片。

酢浆草的花看起来很可爱，很弱小，实际上却是一种繁殖能力超强的植物。在地下具有球根，下方会长出萝卜一样的根，而在地表它的匍匐茎会不断延伸。酢浆草不怕灼热和干燥环境，它会不断扩张自己的领域。它的超强繁殖能力具有"家族永不断绝"的含义。

夜晚　　　酢浆草　　　白天

叶子闭上……

四叶草

咬了一口，好酸啊！

车轴草经常被人们误认为是四叶草，它们很像，但是叶子的形状不一样。

哪一个是正确答案呢?
剪影猜谜 ②

示例

和示例一样的剪影是

 ~ 中的哪一个呢?

A

B

C

D

E

它的外形很像礼服,因此有个昵称叫作"蘑菇女王"。不过,它好臭……

答案:E

不可思议
的菌类

据说，日本类脐菇

可以利用褶皱发出的光使虫子聚集，但是这样做的原因还不清楚

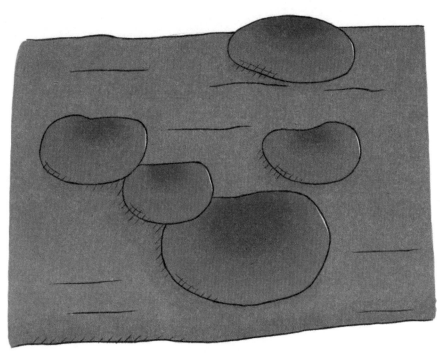

据说，这是为了使虫子聚集，从而使孢子飞散。

类脐菌 科

生息地　　主要分布在日本，在俄罗斯的极地地区和中国东北地区也有分布。

大小　　　蘑菇伞的大小8~25厘米。

笔记　　　在日本的蘑菇中毒事故中，由日本类脐菇引起的最多。

　小知识　从夏末到秋天，日本类脐菇会长出来；而从秋天到春天，平菇会长出来。

本类脐菇是一种类脐菌科蘑菇，日本的山毛榉林中很常见。日本类脐菇成片分布在山毛榉的倒树或树桩上，它的形状、颜色和香菇、平菇等可以食用的蘑菇很像。

但是，日本类脐菇中含有有毒成分，如果误食就可能会出现腹泻、呕吐等中毒症状。因此，大家一定要注意。

到了夜晚，日本类脐菇的蘑菇伞的褶皱就会发出淡淡的光。据说，它可以利用光使昆虫聚集，从而让它们帮忙传播孢子。

夜晚

在蘑菇伞打开后2~3天
开始发光。

白天

它看起来和香菇、平菇很像，因此大家一定要注意。

有毒

鹿花菌看起来就像脑子，不过具有毒性

平盘菌 科

不可思议程度 ├──┼──┤ 3

生息地　　分布于北半球的温带以北的地区。

大小　　　高5~8厘米。

笔记　用鹿花菌的体积3倍左右的水煮5分钟以上，把剩下的汁液丢弃，把沾在鹿花菌上的汁液洗干净，然后再煮一次（5分钟以上），这样可以去除毒素。

　小知识　鹿花菌具有毒性，只有在芬兰人们把它作为食物销售。

鹿花菌是一种平盘菌科蘑菇。它的外表看起来就像是脑子一样，表面具有褶皱和凸凹，呈红褐色或黄褐色。

鹿花菌也可以食用，但是它含有单甲基联氮化合物等大量有毒成分，假如直接食用，甚至可能会导致死亡。因此，在食用鹿花菌时，必须用大量的水反复蒸煮，进行除毒处理。

的确，如果不去除毒素，就会很危险啊！

有毒！！！

在芬兰，人们会标明有毒警示，销售的是进行干燥处理后的鹿花菌。

阿切氏笼头菌

就像一种奇怪生物，具有章鱼一样的角，并且散发着恶臭

笼头菌 科

不可思议程度

生息地　原产于澳大利亚。

大小　　高10~20厘米。

笔记　　蘑菇类生物不能进行光合作用，而是依靠从其他植物和枯叶中获取营养而
　　　　生长。

小知识　在处于卵形状态时，它可以食用。据说油炸后的味道和鱼肉很像。

阿切氏笼头菌是一种笼头菌科蘑菇，它并不是植物。它的外表呈现鲜艳的红色，看起来和"章鱼的触手"一模一样。因为诡异的颜色和形状，在有的国家人们把它叫作"恶魔手指"。人们也发现了它的近亲"粉托鬼笔"。

阿切氏笼头菌是从被叫作"超级毒角"的白色卵状物中发芽生长的，看起来就像孵化一样。这简直就像是电影里面的异形诞生的场景。

而且，阿切氏笼头菌在成熟后，会发出像腐烂的肉一样的恶臭。这种臭味是为了使苍蝇聚集，从而让它们帮忙运送孢子。

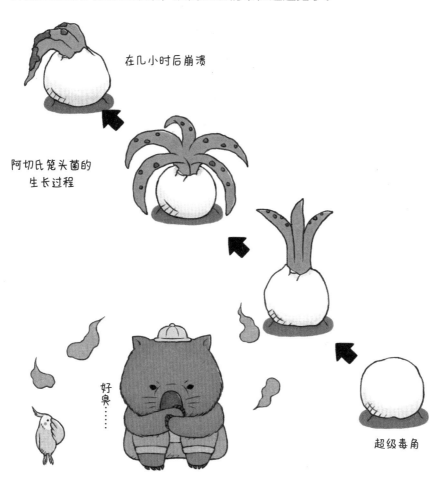

在几小时后崩溃

阿切氏笼头菌的
生长过程

好臭……

超级毒角

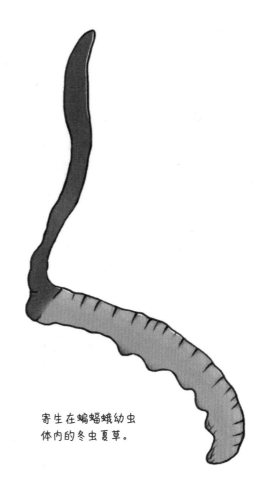

感染了**冬虫夏草**这种菌类的虫子内部全都是菌丝

寄生在蝙蝠蛾幼虫
体内的冬虫夏草。

冬虫夏草也是一种蘑菇，它不属于植物。冬虫夏草会寄生在分布在中国西藏等地的蝙蝠蛾的幼虫体内。夏天的时候，蝙蝠蛾会在地面上产卵，并在大概一个月后孵化，幼虫钻到土里面。

如果在这个时候感染了冬虫夏草的真菌，蝙蝠蛾幼虫体内的真菌就会不断增加。到了春天，菌丝开始萌生，到了夏天就会从地面长出来。如果把它从土里挖出来，就会发现幼虫的空壳，里面全是菌丝。真的是

小知识　冬虫夏草中含有丰富的对人体有用的氨基酸。

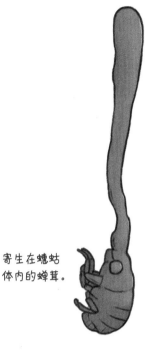

寄生在蝼蛄
体内的蝉茸。

寄生在各种
蛾的蛹中的
蛹虫草。

很可怕的蘑菇呢。

从前，人们认为这种菌类"冬天是虫子，夏天变成草"，所以把它叫作"冬虫夏草"。冬虫夏草不仅可以食用，还被当作一种珍贵的中药。

它有很多种呢！

冬虫夏草

不可思议程度 ├──┼──┤ 3

生息地　中国的西藏、青海、四川等省区。

大小　　长3~10厘米。

笔记　　寄生在幼虫体内的"蝉茸"和"蛹虫草"等菌类，有时候也被叫作"冬虫夏草"。

结语

大家可以试着去想象一下具有奇妙形态的生物，然后把它画出来。
你会想到什么样的生物呢？

比如说……

有3只眼睛？不对不对，这个生物没有眼睛。
有尖锐的牙齿？不对不对，这个生物既没有鼻子，也没有嘴巴。

那么，这个生物它会吃什么呢？
很奇妙的是，这个生物会伸出长长的触手，从地下攫取营养成分。

好像是从一颗胶囊里长出来，成长过程自由自在。
有的个头比大楼还要高。
有的很长寿，可以生长几千年……

有的是不死之身，就算是身体的一部分被切除，也可以不断复活。
如果存在这种生物，你感觉怎么样呢？

实际上，这种奇妙的生物就在你们身边。
对，这种生物就是"植物"。

如果仔细想一下，就会发现植物是很奇妙的生物。
而我们生活的地球上到处都有这样的生物。
大家在家里种植的花草也是植物，大家每天吃的大米和蔬菜也是植物。

来，让我们合上书，用自己的脚，
去体验这些不可思议的植物的冒险之旅吧。
这本书到这里就结束了，
但是你们的冒险之旅，
现在才刚开始。

稻垣荣洋

等等我呀！

踏上冒险之旅……

版权登记号：01-2022-7054

图书在版编目（CIP）数据

　植物的小情绪 / （日）稻垣荣洋著；刘旭阳
译. -- 北京：现代出版社，2023.5
　ISBN 978-7-5231-0125-4

　Ⅰ. ①植… 　Ⅱ. ①稻… ②刘… 　Ⅲ. ①植物 - 儿童读物
Ⅳ. ①Q94-49

中国国家版本馆CIP数据核字（2023）第025826号

HONTO WA BIKKURINA SHOKUBUTSU ZUKAN ARIFURETA KUSABANA NO HIMITSU GA OMOSHIROI!

Copyright © Ayae Shimoma

Supervised by Hidehiro Inagaki

Original Japanese edition published in 2021 by SB Creative Corp.

Simplified Chinese translation rights arranged with SB Creative Corp.,

through Shanghai To-Asia Culture Communication Co., Ltd.

植物的小情绪

作　　者	（日）稻垣荣洋	
译　　者	刘旭阳	
责任编辑	李　昂　申　晶	
封面设计	八　牛	
出版发行	现代出版社	
通信地址	北京市安定门外安华里 504 号	
邮政编码	100011	
电　　话	010-64267325　64245264（传真）	
网　　址	www.1980xd.com	
印　　刷	北京飞帆印刷有限公司	
开　　本	710mm*1000mm　1/16	
印　　张	10	
字　　数	64 千	
版　　次	2023 年 6 月第 1 版　2023 年 6 月第 1 次印刷	
书　　号	ISBN 978-7-5231-0125-4	
定　　价	58.00 元	